Crónicas de arquitectura extraterrestre

David Jiménez Moreno

© del texto David Jiménez Moreno
© de las imágenes sus autores

© de la edición
© Ediciones Asimétricas, 2025
C/ Cartagena, 164. Of. B
28002 Madrid
www.edicionesasimetricas.com

Diseño de colección
Toni Cabré

Maquetación
Emi Ramírez

ISBN
978-84-10065-90-1
Depósito Legal
M-9719-2025

Impresión
Estilo Estugraf Impresores

Impreso en España
Printed in Spain

Índice

Para ellas,
porque su presencia entre las estrellas
pertenece al corazón que sueña

190111   200305   210825

«Todo lo que no está donde debería estar
tiene miedo del final»

Carl Gustav Jung

En busca de la noche primordial

Éxtasis

La humanidad imagina una metamorfosis que promete un renacimiento en el cosmos. El anhelo por alcanzar las estrellas ha representado para la especie un instinto heredado capaz de generar fantasías y aventuras asombrosas. Sin embargo, el último siglo ha demostrado que la realización de este sueño no solo es factible, sino, en última instancia, inevitable.

Las posibilidades de habitar el exterior de la Tierra se han consolidado a lo largo de las décadas, dedicando el sacrificio más venerado a misiones revolucionarias capaces de superar desafíos sin parangón. El progreso de la tecnología y el incremento de intereses geopolíticos permite anticipar un auge significativo en el desarrollo de hábitats situados más allá de la atmósfera en un horizonte inminente. El desenlace de este escenario tiene como condición necesaria la transformación de la humanidad en una especie extraterrestre.

Asentarse entre las estrellas requiere mutaciones radicales en todo el espectro de la existencia, abandonar lo que fuimos por aquello que llegaremos a ser. Mircea Eliade identifica el *éxtasis* como una práctica chamánica ancestral empleada para elevarse hacia los cielos, permitiendo trascender las limitaciones de la vida terrenal y lograr un estado de integración con el cosmos. El éxtasis concede el acceso a otros mundos y, a cambio, obliga a emprender una transfiguración similar a la que se experimenta con la muerte.

La aspiración de este libro exploratorio es demostrar cómo la humanidad pretende establecerse tras la línea de Kármán sin llevar a cabo un proceso adecuado de éxtasis, probando que el planteamiento actual no implica renovación, sino regresión y estancamiento. El análisis de hábitats extraterrestres paradigmáticos pone de manifiesto cómo las tendencias principales de los mismos no son evolutivas, sino reaccionarias, evidenciando una posición de dominio y destrucción hacia todo aquello que no se somete al *statu quo*. En definitiva, favoreciendo que la vida en el espacio exterior ejerza como muro en lugar de como umbral para la condición humana.

A pesar de la novedad en el contexto extraterrestre, la humanidad ha afrontado otras etapas de transición en su estado. En el albor de la historia, milenios atrás, la especie decidió fundar una nueva realidad con el paso del nomadismo al sedentarismo. Un mundo itinerante y sin apegos a la tierra fue desmantelado para instaurar otro que domesticó el entorno con el fin de perdurar.

Al adentrarse en el ámbito extraterrestre, la humanidad parece haber olvidado la lección del sacrificio como condición necesaria para la renovación de la existencia. En las iniciativas destinadas a conquistar el espacio exterior se aprecia cómo el orden hegemónico establecido en la Tierra se exporta de manera artificial hacia un dominio que no le corresponde, imponiéndose de manera fanática ante su impotencia por asentarse en un escenario donde carece de sentido.

Los inicios del sedentarismo comparten una característica fundamental con el amanecer de la era espacial: la relevancia de la arquitectura como factor originario en la transformación humana. La disciplina desempeñó una función crucial en tiempos prehistóricos al proporcionar el arraigo que permitió el desarrollo de comunidades complejas y organizadas. La era espacial anticipa una contribución aún más prominente de la arquitectura, convirtiéndola en muchos casos en el mundo en su totalidad a habitar, concediéndole un poder determinista en la evolución de la humanidad en el espacio exterior.

En contraste, existe una diferencia destacada en el posicionamiento de la arquitectura respecto al universo en ambos periodos. Los edificios más destacados de la antigüedad perseguían con dedicación alinearse con las estrellas y sus ciclos, manifestando una clara voluntad por armonizar con el cosmos. En cambio, la arquitectura extraterrestre se concibe aislada en su concepto, ensimismada por su idiosincrasia vivencial. La desavenencia de criterios expone un cambio drástico en la forma de interpretar la realidad. Por un lado, el cosmos deja de percibirse como una presencia viva para convertirse en una estéril; por el otro, los seres humanos renuncian a la voluntad de integrarse en él. El sentido del universo queda reemplazado por el axioma del azar.

La investigación dedicada a los asentamientos en el espacio exterior ha suscitado un interés creciente y constituirá la temática central de esta obra. El ámbito espacial del estudio se origina en la línea de Kármán, reconocida como la frontera de la atmósfera terrestre, abarcando todas las regiones situadas más allá de la misma. La dimensión temporal empieza en 1898 con la publicación de la novela *The War of the Worlds* de H. G. Wells y se extiende hasta el despliegue de la sonda JUICE de la Agencia Espacial Europea en 2023. Comienza con una obra de ficción que relata la venida de extraterrestres a la Tierra y concluye con una misión científica que rastrea la vida por la galaxia.

Los asentamientos extraterrestres presentan una singularidad única en la disciplina arquitectónica, dado que en su comprensión resultan tan relevantes los casos relacionados con la ficción como aquellos de la no ficción. Los dos ámbitos representan con la misma valía el imaginario humano que pretende habitar las estrellas. El libro se estructura en torno a cinco casos de estudio pertenecientes tanto a la ficción como a la no ficción. Cada uno de ellos se dedica a la exploración de un concepto específico: percepción, mediación, hibridación, generación e imaginación. La elección de los conceptos se fundamenta en las controversias identificadas tras la exploración de hábitats representativos en el espacio exterior. Su disposición sigue una secuencia progresiva que establece un gradiente desde lo matérico a lo etéreo en las realidades analizadas a lo largo de los capítulos.

La arquitectura del espacio exterior, en su estado vigente, evidencia el fracaso en la ambición humana por transformarse en una especie extraterrestre. En vez de ejercer como catalizadora evolutiva, arrastra la obsolescencia de metodologías condenadas a la perdición, reduciendo la disciplina a un mero objeto de exhibición tecnológica que revoca el potencial creativo del habitar.

La negación del cambio expone una cosmovisión estafada por la egolatría y la simpleza, arrastrando a una condición caricaturesca la identidad inédita que aspira a la trascendencia y la libertad. La intención de este libro es evidenciar los puntos críticos en el habitar del espacio exterior, presentando un enfoque renovado que permita expandir los fundamentos de la arquitectura extraterrestre. Ser propulsor del éxtasis, con la esperanza de superar las ataduras que contienen el paso de la especie y adentrarse en la noche primordial donde aguarda la anhelada redención.

Apollo 11

El rostro despreciado de la Luna

Percepción

LA PRIMERA SOBRE OTRO MUNDO

Una magnífica locura conmovió a la humanidad el 20 de julio de 1969. El módulo Eagle materializó un deseo largamente ansiado al posarse sobre una esfera mitificada. La misión Apollo 11 consiguió llevar dos hombres a la superficie de la Luna; por primera vez un hábitat humano se asentaba en otro mundo. La misión se retransmitió en directo por televisión ante cientos de millones de personas que fueron testigos de un hecho considerado inalcanzable durante mucho tiempo.

El punto culminante del acontecimiento se alcanzó cuando una cámara de escasa resolución enfocó la escalera por la que descendió la primera persona en pisar la Luna. «Un pequeño paso para el hombre, un gran salto para la humanidad», proclamó Neil Armstrong, y la especie no volvió a ser la misma. La televisión mostró a la Tierra el primer paseo de los seres humanos en un mundo diferente, pero el astronauta no fue la primera entidad que descendió del Eagle [Fig. 1] hacia la superficie lunar. Antes de Armstrong, lejos del foco que exhibió la televisión, los astronautas arrojaron del módulo una bolsa repleta de excrementos y residuos. La basura humana alcanzó la Luna antes que la propia humanidad. Una fotografía tomada tras

[1] Aldrin en el interior del módulo lunar Eagle

el alunizaje muestra la bolsa de residuos en el lugar donde cayó y donde permanece hasta nuestros días.

El Apollo 11 revela un devenir antagónico para la humanidad y la Luna expresado en las palabras más significativas de la misión. Las de Armstrong exhiben la gloria alcanzada por la especie a través del coraje; pero fueron las del presidente Nixon, en una llamada realizada a los astronautas al poco tiempo de alunizar, las que indicaron el destino del satélite: «Debido a lo que habéis hecho, los cielos se han convertido en parte del mundo del hombre». Con estas palabras, la Luna, que había permanecido como un símbolo indispensable para la humanidad, pasaba a considerarse una mera posesión. La bandera de los Estados Unidos, enclavada con firmeza en un manifiesto gesto de conquista, evidencia la posición del cuerpo celeste tras la llegada de los seres humanos.

La consecuencia de esta condena es fundamental para comprender por qué las misiones ejecutadas en el satélite tras el Apollo 11 siguieron abandonando sobre ella desperdicios como botas, dispositivos de recolección de defecación y orina, sistemas de cables, martillos, toallas, tapones para los oídos, cepillos, jabón o pelotas de golf. Alegar que la razón de esta actitud se debe únicamente a las complejidades logísticas de las misiones tripuladas demuestra ser falsa al observar cómo, desde la conclusión del programa Apollo, la humanidad ha continuado depositando residuos de toda índole sobre la superficie lunar de forma progresiva e intencionada, a pesar de no haber vuelto a caminar sobre ella.

Los astronautas del Apollo 11 colocaron de manera ceremonial una placa conmemorativa del acontecimiento sobre la superficie del satélite donde se puede leer: «Aquí, hombres del planeta Tierra pisaron por primera vez la Luna en julio de 1969 d. C. Vinimos en paz para toda la humanidad». La misión Apollo puede apreciarse como pacífica para las personas, pero la paz humana significó para la Luna convertirse en vertedero y propiedad. Este capítulo analiza cómo el deterioro en la percepción de la Luna, de lo sensorial a lo conceptual, resulta en una disonancia devastadora que favorece la depredación en los primeros pasos de su habitabilidad permanente.

LA CANCELACIÓN DEL ÁNIMA CELESTIAL

La influencia de la faceta simbólica de la Luna en la evolución de la mente humana asume una relevancia mayor que la considerada habitualmente. La realidad del ser humano se equipara con la lunar desde la época prehistórica. A lo largo del mundo, el cuerpo celeste se ha asociado con los ritmos y el tiempo, con la fertilidad y la creación de vida, con el pensamiento y la intuición, representando una alegoría del destino.[1] En esencia, la Luna reveló a la humanidad la virtud y necesidad de la renovación, lo inevitable de la transformación.

Sin embargo, cuando el Apollo 11 alunizó en julio de 1969, la dimensión cualitativa del satélite había sido desmantelada en las sociedades tecnológicas contemporáneas. La desposesión de las cualidades del cosmos, originada con el auge del antropocentrismo en el pensamiento occidental, se aprecia como un proceso invariable que perdura en el presente. Por medio de esta dinámica los seres humanos establecen una férrea separación que escinde a la especie del resto del universo, imponiendo los términos de una relación asimétrica entre las partes.

La película *Le Voyage dans la Lune*, de Georges Méliès, presenta una metáfora precisa sobre la alteración súbita y dramática que sufre el cuerpo celeste tras la llegada de la humanidad. En una de sus escenas iniciales se distingue a la Luna con vida propia, poseyendo un rostro que se asoma al infinito. Poco después, una cápsula humana irrumpe en la acción, impactando en el ojo del satélite. La violencia de la colisión difumina el rostro de la Luna, que se entristece antes de desaparecer por completo y para siempre.

Lo relevante del hecho no radica en el antropomorfismo del cuerpo celeste, sino en la importancia de ostentar un rostro humano o, en este caso específico, dejar de hacerlo. El trabajo de Braidotti expone cómo el concepto de lo humano carece por completo de objetividad en su definición, ejerciendo como categoría excluyente al conceder derechos limitados a su ámbito. La filósofa añade que esta distinción auto conferida otorga a la especie la potestad sobre todas las realidades ajenas,[2] como puede apreciarse en el desenlace de las misiones Apollo para el satélite. Al no pertenecer a la categoría de lo humano, la Luna se sitúa en una posición de inferioridad ontológica, legitimando su conversión en instrumento y zona de desechos en unos términos de los que no puede sacar ningún provecho.

Las inéditas misiones lunares se sitúan dentro de un contexto ampliamente conocido: la ambición humana por la conquista de nuevas tierras. Por esta razón, la cuidada escenografía de vanguardia científica retransmitida al mundo con la llegada de Armstrong y Aldrin al satélite alcanzó su clímax al enarbolar la bandera estadounidense, acto tradicional y heredado para reclamar la posesión de un territorio.

La violencia habitual asociada a la conquista de la tierra ha templado sus formas en la era de la comunicación de masas, operando a través de maniobras de apariencia benigna tras las que persisten estructuras relacionadas con la dominación. El ámbito del espacio exterior emplea su deslumbrante realización estética para enmascarar patrones inalterados del poder. Los procesos de dominio sobre la tierra evidencian la necesidad de asegurar la dimensión conceptual del lugar como paso previo e indispensable a tomar su extensión física.[3] En el esfuerzo persistente ejercido durante siglos para erradicar las propiedades cualitativas de la Luna se observa la desintegración ontológica imprescindible que conduce a su sometimiento físico.

Una película de ciencia ficción estrenada en 1929, treinta años posterior a la de Méliès, plasma de manera explícita la condición de la Luna en el imaginario occidental tras perder su rostro. *Frau im Mond*, de Fritz Lang, narra el proyecto de un emprendedor para viajar al cuerpo celeste al creer que albergaba considerables reservas de oro, atrayendo el interés de una perversa empresa minera que lo chantajea para participar en la expedición con el objetivo de esquilmar el satélite. La película de Lang sintetiza la percepción de la Luna en la época contemporánea: se considera un activo que los seres humanos pueden explotar en su beneficio. En esta coyuntura se asentó el Apollo 11 sobre ella, con palabras de paz, pero gestos de conquista.

El descubrimiento de recursos minerales y energéticos bajo la superficie lunar en los inicios del siglo XXI anticipa una nueva carrera espacial en aras de su control. El Jet Propulsion Laboratory de la NASA asegura que la Luna alberga cientos de miles de millones de dólares en reservas sin explotar, en especial helio-3, un elemento poco común en la Tierra que puede emplearse en la fusión nuclear, y tierras raras, diecisiete valiosos elementos químicos destinados a la fabricación de instrumentos electrónicos.

El tratado sobre el espacio ultraterrestre, firmado en 1967, presenta un marco jurídico en vigor ratificado por las potencias espaciales para regular las acciones de los Estados más allá de la línea de Kármán. Según varios artículos de este documento, la explotación minera de la Luna con fines especulativos queda prohibida. A pesar de la claridad del tratado, la magnitud de los beneficios económicos que pueden derivarse de la explotación lunar ha llevado a que distintos grupos interesados investiguen posibles lagunas jurídicas en el acuerdo.

La atención de los lobistas se ha centrado en el hecho de que el tratado se firmó durante la Guerra Fría, una época donde los actores de la carrera espacial eran Estados soberanos. Según el documento, son dichos agentes los que están obligados a cumplir lo acordado. Sin embargo, no se hace referencia de forma tan explícita a las corporaciones privadas. Con el objetivo de aclarar la situación, la Administración de Barack Obama firmó en 2015 la Commercial Space Launch Competitiveness Act, una ley que legaliza la explotación de recursos en el espacio exterior por parte del sector privado de Estados Unidos. Tras la aprobación del acta, países como China, Rusia, India y Japón respondieron con legislación similar.

Apenas un siglo después de la película de Lang, la motivación para construir asentamientos en la Luna vuelve a ser la misma que la de aquel emprendedor de la ficción y la codiciosa empresa minera que ansiaba alcanzar el satélite. Bajo estas circunstancias, la innovación que comporta la habitabilidad del cuerpo celeste se basa únicamente en los fundamentos predatorios con los que la humanidad ha devastado tantas regiones de su propio mundo.

Skolimowski reflexiona sobre esta concepción de progreso, señalando que la búsqueda desenfrenada del desarrollo material lleva a la prevalencia de imperativos instrumentales como mandatos éticos principales, lo que conduce a una evolución banal y, en última instancia, destructiva.[4] Despojada de su rostro, la Luna queda atrapada en esta dinámica, expuesta a una explotación sin restricciones ni remordimientos, porque, tal y como afirma Hillman: «un mundo sin alma no puede devolverte la mirada».[5]

LA DISCRIMINACIÓN DE LOS SENTIDOS

El deterioro en la percepción de la Luna no se limita a su dimensión conceptual, sino que se extiende a la sensorial. La misión Apollo 11 se considera especialmente significativa por el hecho de situar por primera vez un hábitat humano sobre otro mundo. A pesar de lo efímero de la operación, su arquitectura establece un marco de actuación sobre el entorno que ha permanecido inalterado.

En la fase de la misión desarrollada sobre la superficie del cuerpo celeste se distinguen dos arquitecturas diferentes: el módulo Eagle y la escafandra de los astronautas que, en la totalidad de su función, opera como un espacio envolvente y no como una simple indumentaria. La primera arquitectura es introspectiva, concentrando la atención humana hacia su interior; la segunda, extrospectiva, tiende al exterior. En ambas se produce un desajuste sensorial que determina una forma específica de relacionarse con la Luna.

El nombre oficial de los trajes espaciales es Extravehicular Mobility Unit y el modelo concreto empleado en la misión del Apollo 11 fue el A7L. La escafandra, de una sola pieza, se divide en cinco capas y su diseño establece el casco como punto de conexión sensorial prioritaria con el entorno. Fabricados con policarbonato de alta resistencia, un anillo en el cuello los sellaba al resto del traje. El casco permitía a los astronautas mover la cabeza sin impedimentos en su interior y en su exterior se instaló una visera que protegía los ojos de la radiación ultravioleta.

La organización del traje espacial prioriza la vista en su conexión con la superficie lunar, restringiendo los estímulos dirigidos al resto de los sentidos. La preferencia concedida a los ojos no se reduce únicamente a cuestiones operativas, considerando las prerrogativas conferidas a estos en la civilización occidental. Según Haraway, la visión es el sentido comúnmente asociado a la autoridad hegemónica, empleado para aislar al individuo con el objetivo de controlarlo.[6]

Pallasmaa expone argumentos similares desde un punto de vista arquitectónico, incidiendo en cómo la vista separa al ser humano de su hábitat, mientras que los demás sentidos lo vinculan a él. El arquitecto defiende la existencia de un cisma contemporáneo entre el usuario y su entorno, originado por un énfasis excesivo de la visión. Esta circunstancia produce un desequilibrio en su relación, generando una inevitable sensación de desidia hacia el lugar habitado.[7]

El módulo lunar Eagle es el primer vehículo ocupado por humanos que alcanzó el cuerpo celeste. Con sus aproximadamente quince toneladas de peso transportó al satélite a Neil Armstrong, Edwin Aldrin, y un conjunto de instrumentos científicos denominado Early Apollo [Fig. 2] para los diversos experimentos autónomos que se realizaron en la superficie lunar. La primera cápsula humana en posarse sobre otro mundo revela, al igual que el traje A7L, una evidente jerarquía sensorial. La superficie interna del

**[2] Aldrin desplegando el paquete
de experimentos Early Apollo**

módulo contiene botones, palancas y mecanismos de diversa utilidad que pueden accionarse según la situación en la que se encuentre la misión. La vista vuelve a destacar como el sentido predominante, siendo crucial para la orientación y ejecución de las diversas operaciones en el espacio; sin embargo, el rol asignado al tacto resulta igualmente relevante para comprender la descompensación sensorial crónica en las arquitecturas extraterrestres.

El tacto es una capacidad multiforme que permite percibir tanto de manera externa como interna, siendo el único sentido que no puede perderse y considerándose, por tanto, condición indispensable de la existencia. Es la facultad sensorial vinculada de manera más estrecha con la afectividad.[8] Su trascendencia en la arquitectura resulta vital por el hecho de ser el nexo que incorpora la experiencia física del usuario a la del espacio que habita.

La mayor parte del área interior de la cápsula debe tocarse en diferentes momentos, dependiendo de las circunstancias que puedan surgir durante la misión, pero solo por razones operativas. Las superficies del módulo son homogéneas, con texturas frías y repetitivas, resultando poco sugestivas. El rol asignado al tacto es estrictamente instrumental; se lo condena a ser una mera herramienta de la vista, despreciando por completo la vertiente subjetiva de lo háptico.

La percepción no es neutral; posiciona al ser humano en un lugar de modo específico. Cada uno de los sentidos activa facetas concretas de la biología y psicología, revelando que la experiencia cognitiva humana se basa en la relación entre el cuerpo, la mente y el entorno, siendo el factor sensorial el enlace indispensable.[9] La civilización occidental ha vinculado la visión de manera literal al conocimiento y la inteligencia y, por tanto, debido a la epistemología contemporánea, a la razón. De esta forma, el sentido ha quedado asociado a la definición de verdad, haciendo que todas aquellas percepciones captadas por otras sensibilidades sean desplazadas a un papel secundario o directamente se etiqueten como innecesarias y se erradiquen.

La supremacía concedida a la vista en los asentamientos humanos en el espacio exterior conduce a generar una realidad habitada enfocada únicamente a lo cuantitativo, con fundamentos analíticos, obstaculizando, por ejemplo, los vínculos con la memoria que produce el olfato o las características emocionales del tacto. Devalúan la dimensión cualitativa del habitante en el lugar que considera su hogar.

Los diseños contemporáneos de hábitats lunares se ubican en este marco, replicando las características esenciales del módulo Eagle. Foster + Partners diseñó, en colaboración con la Agencia Espacial Europea, un proyecto en el año 2012 para explorar las posibilidades de construir hábitats en la Luna mediante la impresión 3D. En particular, investigando el uso del regolito lunar como material de construcción y estudiando sus propiedades para la protección contra meteoritos, radiación gamma y fluctuaciones de alta temperatura.

El proyecto Moon Village de Skidmore, Owings y Merrill, también con la ESA, se ubica en el borde del cráter Shackleton, cerca del polo sur de la Luna. Dado su emplazamiento estratégico, con exposición continua a la luz solar y cercanía a recursos naturales vitales, el asentamiento se enfoca en lograr la autosuficiencia en suministros. Bjarke Ingels Group elaboró en 2020 el Project Olympus junto a la NASA, orientando sus esfuerzos a la elaboración de una geometría toroidal para los asentamientos capaz de ofrecer beneficios funcionales. A través de la estructura propuesta se proporciona mejor protección térmica contra radiación y micrometeoritos que los hábitats inflables o metálicos, además de mayor resistencia a los terremotos lunares debido a la localización de su centro de gravedad.

Las condiciones ambientales extremas del espacio exterior y las complejidades titánicas de la misión original a la Luna definieron el diseño del traje espacial A7L y el módulo Eagle. El estudio de las arquitecturas del Apollo 11 resulta relevante para comprobar cómo los proyectos lunares posteriores se han mantenido anclados a los mismos conceptos a pesar de fundamentarse en una vocación radicalmente diferente.

Los asentamientos de Foster + Partners, Skidmore, Owings, y Merrill, y Bjarke Ingels Group se enfocan en cuestiones tecnológicas, logísticas y estructurales. La diferencia entre estos proyectos lunares y el Apollo 11 es meramente cuantitativa: ofrecen alojamiento a más personas, durante más tiempo, con mayores recursos y mejor tecnología. Sin embargo, mantienen vigente la supresión cualitativa de la Luna. No proponen fundamentos conceptuales para construir una realidad original adecuada al contexto extraterrestre donde se establecen. No sugieren ninguna alternativa para innovar en lo sensorial y, como resultado, persiste una relación restringida de los astronautas con el lugar donde aspiran a vivir.

36

LA PERCEPCIÓN RENOVADA DEL INFINITO

La percepción sensorial y conceptual de la Luna se alinean de manera impecable: ambas suprimen lo cualitativo, reconociendo solo lo cuantitativo. La capacidad de establecer vínculos subjetivos queda anulada y la ontología del satélite descartada por obligación. La consecuencia inevitable surgida de este posicionamiento para la Luna significa facilitar el abuso de la misma; para los humanos que la pueblen, habitar una realidad desolada y parcial. En el planeta Tierra, la percepción es un factor presupuesto que se experimenta de manera natural sin cuestionar su proceder. En el espacio exterior, se convierte en una variable a ser diseñada.

Sri Nisargadatta Maharaj explicó a un viajero el error que cometía al confundir lo interior con lo exterior: «las emociones son externas, pero usted las toma como personales. Usted cree que el mundo es objetivo, mientras es enteramente una proyección de su psique». La experiencia perceptiva en la Luna opera, en esencia, en estos mismos términos. Los sentimientos hacia el cuerpo celeste dependen en gran medida de los estímulos sensoriales del entorno, mientras que el estatus de la Luna se fundamenta en la ontología asignada por la mente. Con el fin de no cometer el mismo error que el viajante, es necesario comprender la orientación de la realidad desde la interfaz humana.

En el espacio exterior, compartimentar la percepción según su dirección endógena o exógena y su distinción sensorial o conceptual no solo carece de sentido, sino que resulta devastador para la intensidad de la vida. Por el contrario, la potencialidad en la percepción extraterrestre radica en diseñarla como un sistema integral que manufacture la disparidad de sus naturalezas en un mismo conjunto y crear un fenómeno multivariable en el que sus partes constituyentes interactúen de manera convergente en pos de un mismo propósito: generar una experiencia íntima, exuberante y trascendente en los áridos entornos cósmicos. Un asentamiento planteado en estos términos no se distingue como materia, sino como acción. Es un tejido vibrante generado por la síntesis entre habitante, habitáculo y hábitat.

Adquirir este punto de vista no implica acabar con las peculiaridades de cada entidad. No se promueve una homogeneización donde la igualdad se entiende por estandarización, sino que se asegura que las disparidades no se propongan en términos de oposición, fomentando dialécticas de propio y ajeno, propietario y propiedad. La postura actual sobre la que se conciben los futuros asentamientos lunares, basada en el dominio y la depredación, estableciendo como único condicionante la viabilidad técnica, se aprecia como la antítesis de este planteamiento.

La Luna definirá el amanecer de la humanidad extraterrestre. En la forma de habitarla, la especie clarificará el destino al que aspira en el cosmos. Una vez garantizada la supervivencia en las devastadoras condiciones del espacio exterior, la arquitectura extraterrestre se fundamenta esencialmente en la percepción. Crear un sistema renovado para el infinito es un desafío primordial a resolver antes de asentarse de forma permanente más allá de la Tierra. La recuperación de la Luna como medio de transformación resulta primordial para impulsar un compromiso decidido con el futuro en la galaxia.

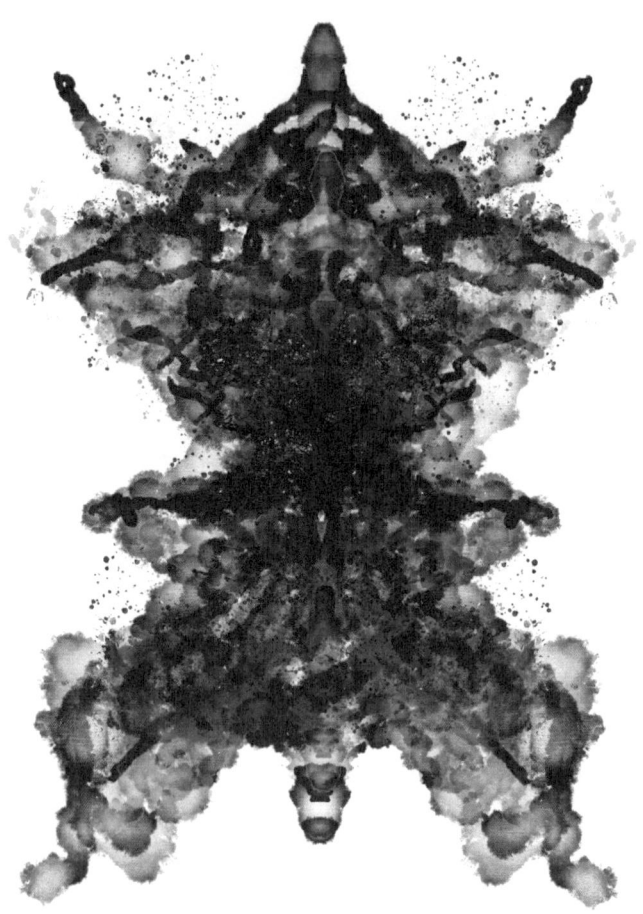

Solaris

La claustrofobia
en el contacto interestelar

Mediación

LA ESTACIÓN COMO
CENSORA CONVERSACIONAL

Solaris es un planeta enigmático sobre el que orbita una estación científica sin esperanzas. Los seres humanos recorren una distancia sideral para alcanzarlo, pero en él solo hallan locura y desesperación. Un Océano cubre la totalidad de este mundo excepcional. Sospechas bien fundamentadas sugieren que es una entidad consciente, a pesar de no cumplir con los estándares establecidos para identificar la vida. Solaris fue escrita por Stanisław Lem y publicada en 1961, adquiriendo de forma acelerada una fama mundial que la llevó a ser adaptada para la radio, el teatro, y el cine. El argumento de esta creación de ciencia ficción versa en torno al contacto entre los seres humanos y una entidad extraterrestre de naturaleza insólita.

A lo largo de la narrativa, los científicos de la estación emprenden diversos esfuerzos por entablar comunicación con el Océano, sin éxito aparente. La constancia del fracaso frustra a los humanos y, en respuesta, recurren al uso de estímulos cada vez más agresivos en busca de resultados. La escalada de actividad provoca un efecto inexplicable: en el interior de la estación comienzan a aparecer réplicas exactas de personas cercanas a los científicos.

La suposición de que el Océano es el responsable de los sucesos no aporta esclarecimiento alguno, ya que no logran discernir su motivación. Las diversas tentativas de los científicos por establecer comunicación comparten el empleo de una perspectiva antropocéntrica y racional que, a pesar de su reiterada incapacidad en el proceso, no se somete a cuestionamiento. El intento de asimilar la conciencia de Solaris al estándar humano no funciona, pero persisten en ello. El ansiado contacto con una inteligencia extraterrestre no solo resulta incomprensible para los científicos, sino que demuestra ser fatal, arruinando su cordura hasta arrojarlos a una crisis existencial sin escapatoria.

Desde un punto de vista arquitectónico, la importancia de la novela reside en observar cómo, a pesar de un fracaso generalizado en la comunicación, se logran avances significativos en función del entorno. Es decir, el espacio condiciona el contacto. Esto se evidencia en la relación entre el protagonista, Kris Kelvin, y la réplica de su mujer fallecida, Harey. La relación entre ambos experimenta una transformación radical en la trama, progresando de una reacción inicial de Kelvin marcada por el pánico hacia un enamoramiento pleno.

Aunque carezca de una lógica racional en la interacción, la comunicación entre ambos se intensifica, pero su evolución varía según se encuentren en un laboratorio, una biblioteca y un dormitorio [Figs. 3 y 4]. Mientras que en los espacios de investigación la relación se estanca, en el doméstico avanza. Este capítulo estudia la dimensión espacial del lenguaje y el uso de la arquitectura para censurar entidades de naturaleza divergente.

EL LENGUAJE COMO ESTRATEGIA DE ASIMILACIÓN

Lakoff sostiene que el lenguaje ejerce un papel activo en la forja de marcos mentales que conforman nuestra comprensión del mundo. Estas estructuras cognitivas desempeñan una función clave en la configuración del discernimiento, la intencionalidad y el comportamiento de los individuos.[10] Una vez consolidado un marco, alterar su organización demanda un esfuerzo colosal.

[3] Kelvin, Sartorius y la réplica de Harey
en el interior del laboratorio
[4] Kelvin y la réplica de Harey en el interior del dormitorio

El marco mental de los científicos de Solaris refleja un racionalismo extremo que tiende al cientificismo, al asumir el método positivista como la única vía legítima para descifrar la realidad. Bajo esta premisa, el proceso de comunicación que planifican hacia el Océano se fundamenta en los principios y rigores de la metodología científica, persiguiendo la claridad, la objetividad y la reproducibilidad en la adquisición de información. No obstante, la expresión de la conciencia de Solaris no sigue patrones regulares ni replicables, sino que se manifiesta de manera singular y cambiante para cada individuo en la estación.

Este método de actuación supone una incoherencia insuperable para un marco que se fundamenta en la validación. La inflexibilidad del discurso científico induce a los investigadores a considerar las reproducciones generadas por el Océano como una amenaza, a pesar de su familiaridad. Siendo un fenómeno ajeno a su lenguaje, solo puede ser aberrante. Lovecraft aborda esta circunstancia en concreto, explicando cómo situaciones comunes generan horror por el hecho de aparecer en contextos que no les pertenecen.[11] La narrativa revela la inocuidad de las réplicas; son los científicos quienes se autoinflingen el trauma por el terror provocado con su negación a comprender.

Braidotti afirma que el lenguaje actúa como un emplazamiento ontológico para las comunidades humanas,[12] una teoría que se enfatiza en la novela. En consonancia, Zajonc sostiene que los estudios lingüísticos respaldan el hecho de que cada cultura experimenta el mundo de manera única y singular. Esto implica que la disparidad entre nuestra realidad cotidiana y la de las comunidades humanas que nos precedieron no se debe fundamentalmente a diferencias técnicas, sino a variaciones en las formas de pensar y a la transformación de dinámicas subjetivas.[13]

El físico expone una distinción sustancial entre las sociedades tradicionales y las tecnológicas contemporáneas: la aptitud para aprehender el mundo de manera multifacética. Ofrece un ejemplo concreto al explicar que un miembro de la tribu nilótica nuer puede reconocer un pepino como un toro, considerándolo un tótem, y simultáneamente asumir que es un vegetal, entrelazando ambas facetas sin confusiones gracias a su capacidad para percibir el universo en distintas dimensiones que no se contradicen entre sí.[14]

La epistemología positivista considera sus principios como verdad certificada. Según esta valoración, su identificación de la realidad se erige como una certeza debidamente demostrada y absoluta, fomentando una percepción unidimensional del cosmos en la cual un pepino es exclusivamente concebido como un vegetal, relegando cualquier otra posibilidad a la categoría de disparate.

Los marcos dominantes entre los habitantes humanos de Solaris fomentan una concepción binaria del universo, arraigada en extremos antitéticos, donde los agentes y fenómenos son evaluados como verdaderos o falsos, correctos o incorrectos. En consecuencia, cualquier desviación de su paradigma de referencia no se entiende como diferente, sino como errónea.

Esta percepción unidimensional del cosmos impide que las réplicas generadas por el Océano sean vistas como absurdos lógicos y seres familiares a la vez; solo se las percibe como lo primero porque la complementariedad no se acepta en esta forma de aprehender la realidad. Lo existente posee una naturaleza única y el análisis cientificista prevalece. La interpretación multifacética, esencial en la interacción entre realidades humanas y extraterrestres, sobresale como un atributo esencial a restablecer en la concepción evolutiva de la humanidad en el vasto escenario cósmico.

Lakoff argumenta que para crear nuevos marcos mentales es necesario desarrollar un lenguaje renovado,[15] pero esto no se contempla en el desarrollo en el espacio exterior. En Solaris, los científicos diseñan con precisión una estación adaptada a las condiciones físicas del planeta. Sin embargo, en lo que respecta a la comunicación, la dinámica cambia al intentar ajustar al Océano a los marcos positivistas. Construir una estación basada en las condiciones terrestres y adaptar la física de Solaris a esta se consideraría ridículo. Paradójicamente, en el proceso de comunicación, adoptan esta actitud al intentar forzar al Océano a expresarse en términos humanos.

LA ARQUITECTURA COMO ACTRIZ EMERGENTE

El Océano revela su incapacidad para desenvolverse en el ámbito de la razón; sin embargo, exhibe una aparente habilidad para interactuar en el terreno emocional. En este contexto progresa la comunicación entre Kelvin y la réplica de Harey, consolidando sus lazos afectivos. El proceso de afianzamiento entre ser humano y Océano avanza solo en entornos alejados de los paradigmas lingüísticos principales. En Solaris apreciamos que la arquitectura contribuye a implantar los marcos mentales según los parámetros establecidos por Lakoff.

En los espacios de investigación, como el laboratorio y la biblioteca, donde los marcos positivistas alcanzan su máxima expresión, la interacción experimenta un estancamiento; Kelvin se relaciona desde una perspectiva empírica. Contrariamente, en el dormitorio, un espacio caracterizado por su ambigüedad, proximidad a la identidad del residente y mayor carga sentimental, la relación experimenta una evolución notable. La relación es más fluida en lugares donde la réplica de su difunta esposa encaja de forma natural en un plano emocional.

Goldhagen sostiene, desde una perspectiva neurocientífica, que los entornos en los que habitamos moldean nuestros procesos de pensamiento, influyendo de manera decisiva en nuestras relaciones con los demás.[16] Barad sintetiza esta postura al sostener que «la materialidad es discursiva»,[17] lo que implica que el espacio articula mensajes, ideologías y significados, interpretando un rol dinámico en la configuración de las experiencias y acciones que se desarrollan en su ámbito.

La arquitectura es actriz, nunca escenario. La estación en Solaris no solo actúa como lugar donde vivir; dicta un manifiesto acerca de cómo hacerlo. El contexto estricto y protocolario del laboratorio y la biblioteca provoca que la actitud de Kelvin hacia la réplica de Harey sea equivalente. El lenguaje de Kelvin en estos espacios resulta frío, objetivo, y se estructura en oraciones predominantemente lógicas y de trasfondo analítico. Las expresiones lingüísticas reflejan una mimetización con el entorno donde se pronuncian y su discurso presenta escasas posibilidades de improvisación.

El dormitorio, en contraste, presenta una atmósfera relajada y mayor espontaneidad, proporcionando así un margen más amplio de libertad para la interacción en su interior, ampliando significativamente las posibilidades comunicativas. En este entorno, la expresión emocional se considera aceptable. Aunque el espacio íntimo de la estación difiere con aquel que Kelvin compartió con Harey en la Tierra, la narrativa espacial doméstica propicia que la réplica de su mujer se muestre coherente en el dormitorio.

Las vías sensoriales de la comunicación son especialmente relevantes para ponderar las posibilidades de cada lugar. En el laboratorio y la biblioteca, el contacto se produce a través de estímulos visuales y auditivos, idóneos para abordar la relación con el Océano a través de métodos objetivos que permitan el análisis racional. El dormitorio facilita y fomenta la interacción a través del tacto, el sentido afectivo, siendo crucial para comunicarse con una entidad extraterrestre que comprende la emoción. El tacto no está sujeto al logocentrismo en la comunicación de manera estricta, por tanto, no lo condicionan los marcos positivistas.

La relevancia de la percepción en cada ámbito va más allá de su componente sensorial, manifestándose en las interpretaciones de la presencia de las réplicas humanas en su realidad habitada. En el laboratorio y la biblioteca, Kelvin percibe a la réplica de Harey como una aberración, mientras que en el dormitorio conserva su condición de anomalía, pero al mismo tiempo la concibe como su mujer. Esta distinción resulta esencial para su conexión.

El ámbito de investigación impone la visión unidimensional de la realidad propia de su paradigma positivista. La presencia de Harey es incomprensible en este entorno para una mente empírica, promoviendo un estado de nerviosismo y horror en Kelvin ante la materialización de lo imposible. En el dormitorio, hogar de los sueños, última realidad pluridimensional de las sociedades tecnológicas contemporáneas, la réplica de su mujer puede ser anormal y cotidiana sin contradicción. Harey carece de sentido en términos cientificistas en el laboratorio, la biblioteca y el dormitorio; no obstante, en el entorno doméstico, la dimensión racional y la emocional coexisten sin necesidad de mezclarse, demostrando una mayor tolerancia a interpretaciones multifacéticas del universo.

A pesar de ello, la medición de progresos empleada para valorar el éxito del contacto con el Océano se realiza a través de la biblioteca y el laboratorio. Los espacios vinculados estrechamente al positivismo exhiben una superioridad jerárquica en la toma de decisiones en comparación con el dormitorio. La subjetividad inherente a la conexión entre Kelvin y la réplica de Harey en el ámbito doméstico la descarta como un método plausible en la comunicación entre especies.

El Océano realiza numerosos esfuerzos con el propósito de adecuarse a la humanidad mediante las réplicas de seres queridos, pero los intentos del planeta no responden a las expectativas de los científicos. La incapacidad de adaptarse para comprender la naturaleza inédita del Océano perturba letalmente a los habitantes de la estación, llevándolos a exterminar las réplicas de familiares por no intuir otra alternativa. Arrasan la tentativa comunicativa tan deseada con una inteligencia extraterrestre por su intransigente negativa ante el cambio.

El sesgo en la facultad comunicante de la estación impide una igualdad de condiciones en el contacto entre los humanos con el Océano, provocando una dinámica excluyente. Esta conducta queda bien definida en palabras de Snaut, uno de los habitantes de la estructura orbital: «Nos consideramos caballeros del Santo Contacto. Esa es otra falsedad. No buscamos nada, salvo personas. No necesitamos otros mundos. Necesitamos espejos. No sabemos qué hacer con otros mundos. Con uno, ya nos atragantamos».[18]

EL ESPACIO COMO MEDIADOR DE REALIDADES

La perspectiva antropomorfa se ha mantenido constante en la arquitectura. Solaris demuestra que esta postura no se limita a la incorporación de dimensiones y proporciones relacionadas con el cuerpo, sino que involucra los marcos mentales propios del inconsciente. Crear un espacio dirigido a personas regido por marcos humanos resulta obvio y oportuno; construir uno bajo estos parámetros dedicado a la relación con otras formas de vida, no lo es.

Con la finalidad de trascender la supremacía discursiva, Braidotti propone adoptar una «ontología que privilegie el cambio y el movimiento sobre la estabilidad».[19] Para alcanzar tal objetivo, es imprescindible alejarse del núcleo de los marcos aceptados para aproximarse a sus márgenes, pues es allí donde se encuentra la oportunidad para acoger la diferencia como posibilidad. El desplazamiento de los paradigmas dominantes, laboratorio y biblioteca, hacia lo periférico, dormitorio, es lo que permite la interacción exitosa entre Kelvin y el Océano.

La novela de Lem manifiesta también un temor compartido por las diferentes especulaciones realizadas en torno a la comunicación con seres extraterrestres: que la humanidad pierda el control a causa del contacto. Surge la preocupación ante otras inteligencias que pudieran representar una fuente de competencia o desafiar el dominio habitual que ejerce nuestra especie. La obsesión por el control constituye la causa fundamental de una arquitectura que, por compulsiva, corre el riesgo de convertirse en claustrofóbica.

Ceder el control sobre el discurso en la arquitectura no implica renunciar a la identidad originaria, sino asumir que el infinito pueda manifestar el conjunto de sus significados a través de un solo lugar. Cuando don Quijote apostó su cuerpo contra el gigante, Sancho Panza se espantó ante el molino. El escenario de ficción cabalgado por uno y el de no ficción cargado por el otro coexisten en el mismo punto. Por diferente que sea la condición de sus realidades, sus experiencias no son aleatorias y aisladas; se entrelazan en torno a un espacio descomunal, dinámico y singular. Estos factores componen la aparición del molino y del gigante por igual.

El espacio ejerce como mediador entre mundos, los aproxima a un plano compartido donde pueden reconocerse mutuamente. Establece un umbral desde el cual asomarse para descubrir, aunque sea de forma indirecta y parcial, la alternativa inexplorada. A través del gigante puede llegar a imaginarse el molino y viceversa. En este punto concreto del espacio, las realidades de don Quijote y Sancho Panza convergen sin arrollarse. A partir de este encuentro, puede comenzar a construirse el acuerdo puntual; una voluntad redimida de prejuicios puede aprender a escuchar a la expresión incomprendida.

Las regiones liminales en las arquitecturas extraterrestres requieren un grado de complejidad exponencial comparado con el gigante-molino de Cervantes. El diseño de espacios destinados a acoger encuentros entre especies interestelares demuestra lo inevitable de una arquitectura de naturaleza mutante: el desarrollo de una ontología espacial escalable ante la venida de usuarios divergentes. La exposición a la posibilidad por descubrir requiere entender la arquitectura como un gradiente de existencias; convertirla en una actriz camaleónica capaz de interpretar cada rol en la totalidad de las funciones sobre un mismo escenario.

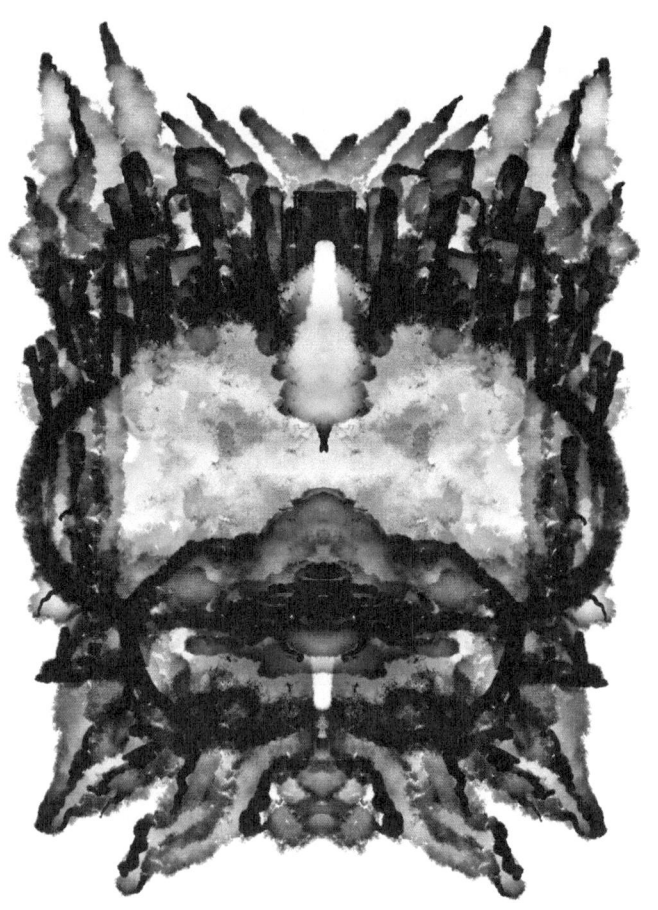

Laika-Sputnik 2

La inmolación del cíborg orbital

Hibridación

UNA CRIATURA INÉDITA

La primera forma de vida compleja que orbitó la Tierra lo hizo en un habitáculo programado para asesinarla. Kudryavka, rebautizada como Laika, era una perra mestiza de tamaño mediano que habitaba las calles de Moscú. Los soviéticos habían desarrollado una amplia experiencia lanzando perros en cohetes hasta elevadas altitudes, pero no habían conseguido superar la barrera marcada por la atmósfera terrestre.

La rapidez de adaptación en los entrenamientos y su capacidad para la socialización con los humanos convertía a los canes en candidatos ideales con los que experimentar. Los rusos contaban además con otro factor añadido, la herencia de los estudios realizados por Ivan Pavlov desvelando detalladamente su fisiología y psicología. Los animales escogidos para las pruebas de vuelos orbitales eran hembras, dado que su anatomía permitía la adecuada disposición del traje antigravedad y los instrumentos para almacenar sus desechos orgánicos.

Seleccionaron animales que deambulaban por las calles, asumiendo que estaban habituados a la adversidad debido a sus experiencias en condiciones de hambre y frío extremo. Las perras elegidas eran sometidas a entrenamientos intensivos, sin descanso durante días, para que se familiarizaran con las dificultades del lanzamiento. Las introdujeron en centrifugadoras que reproducían la velocidad del cohete, las sometieron a ruidos ensordecedores similares a los chirridos de la maquinaria y las encerraron en espacios sucesivamente más pequeños para acostumbrarlas a las reducidas dimensiones de la cabina espacial. En las severas pruebas destacó Laika, con solo tres años, mostrando una serenidad que sorprendió a los encargados del programa de adiestramiento.

Las perras de los vuelos orbitales fueron modificadas en laboratorio para optimizar sus características biológicas a las necesidades concretas de las misiones.[20] La cirugía consistía en desplazar su arteria carótida hacia un pliegue de piel en la zona exterior del cuello, donde posteriormente se colocaba un dispositivo para medir la presión arterial que se conectaba a un sistema de monitorización de constantes. Se alteraba la anatomía para ensamblarla con la cápsula de manera que, una vez en el espacio, cuerpo y arquitectura se fusionaban, dando origen a una criatura híbrida.

Los científicos soviéticos fabricaron una nueva entidad, fusión entre perra y arquitectura, como me-

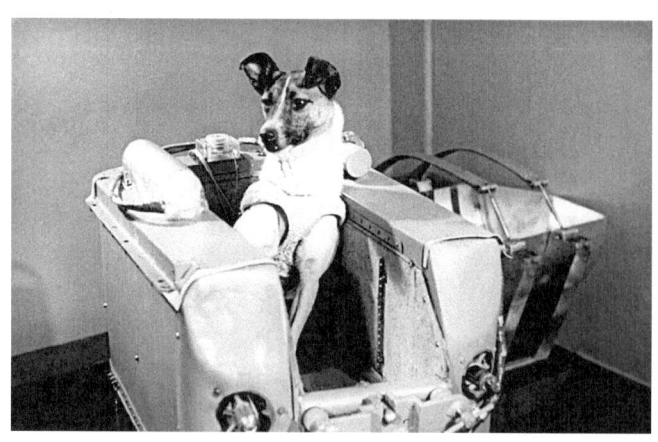

**[5] Laika sobre la parte acolchada
de la cabina presurizada del Sputnik 2**

dio para realizar el primer vuelo orbital de la vida. Un agente innovador concebido con un proceso de autodestrucción de pretensiones misericordiosas. Este capítulo examina cómo la creación del híbrido Laika-Sputnik 2 [Fig. 5] marca un hito a partir del cual la tecnología se concibe como invasora de la vida, reduciendo las potencialidades de los cíborg espaciales a lo estridente y lo trivial.

UN CUERPO CONQUISTADO

El Sputnik 2 se ideó durante uno de los momentos álgidos de la Guerra Fría, cuando las dos potencias percibieron el espacio exterior como el escenario idóneo en el que medirse a su adversario. Tras el despegue del Sputnik 1 en octubre de 1957, el primer secretario del Partido Comunista, Nikita Jrushchov, ordenó la inmediata preparación de otro lanzamiento para el cuadragésimo aniversario de la Revolución bolchevique.

Con solo un mes de plazo antes de la fecha límite y sin margen para el rechazo, el equipo de ingenieros, liderado por Sergei Korolev, se embarcó en la tarea de reconfigurar una réplica del Sputnik 1, equipándola con la capacidad necesaria para alojar una cápsula presurizada. La misión de lanzamiento de Laika se llevó a cabo de manera apresurada y sin un respaldo científico que la justificara, planteándose como una exhibición de fuegos artificiales disfrazada de pulso tecnológico para la celebración comunista.

Una acción destinada a destacar la capacidad del socialismo para cambiar el curso de la humanidad en una fecha de relevancia crucial para la Unión Soviética. Laika representaba la actriz ideal para semejante acontecimiento, simbolizando a la perfección el ideal de ciudadanía soviética: era dócil, de una raza mestiza que se equiparaba a una condición proletaria. Su lanzamiento a las estrellas se expuso como el alzamiento mismo del ideal comunista.

El equipo de Korolev, líder indiscutible en los inicios de la era espacial humana, logró superar el desafío impensable de Jrushchov. El diseño final del Sputnik 2 medía cuatro metros de altura por dos metros de base y estaba compuesto por tres departamentos distintos. En la parte superior introdujeron instrumentos científicos dedicados a tomar mediciones de rayos X y radiación ultravioleta, así como células fotoeléctricas para registrar la radiación solar. Por debajo de estos se encontraba un transmisor de radiofrecuencia muy similar al que se envió con el Sputnik 1, encargado de emitir una señal constante que permitiera controlar la posición de la nave y los datos biológicos del animal. El nivel inferior del Sputnik 2 albergaba a Laika y garantizaba su supervivencia, al menos durante el tiempo necesario para satisfacer los objetivos humanos.

El acto final de Laika comenzó cuatro días antes del lanzamiento. Fue encerrada en la pequeña cápsula de la nave para que los ingenieros acabaran de pulir algunos aspectos con ella dentro, sabiendo que ya no saldría de allí. Ante las bajas temperaturas en el cosmódromo de Baikonur, se implementó una instalación para mantener el calor y prevenir posibles complicaciones de salud para el animal. A pesar de que la parte superior de la nave se desprendió con éxito tras el lanzamiento, la sección correspondiente al cohete no lo hizo, comprometiendo los instrumentos de control térmico y desencadenando un aumento en la temperatura y humedad de la cabina.

Los datos iniciales de Laika indicaron un evidente estado de pánico. Su pulso se aceleraba, su respiración se agitaba mientras la temperatura dentro de la cápsula alcanzaba niveles intolerables. En la estructura del Sputnik 2 se instaló una pieza reciclada de una ametralladora que, además de dispensar alimento a Laika, tenía la función de suministrarle el veneno que pondría fin a su vida una vez completada la misión. Aunque los soviéticos afirmaron durante décadas que Laika sobrevivió una semana antes de ser sometida a una eutanasia preestablecida, la verdad emergió varias décadas después. Laika tan solo resistió entre cinco y siete horas tras su lanzamiento a las estrellas.

El miedo y el calor experimentados en la cápsula fueron los factores que condujeron a su muerte. Los restos del Sputnik 2 continuaron orbitando durante cinco meses antes de desintegrarse en la atmósfera. Por primera vez una criatura orbitaba la Tierra, pero el viaje estaba condenado para ella desde el comienzo. El primer habitáculo de las estrellas se diseñó para la muerte y nunca para la vida.

Oleg Gazenko, el científico encargado de entrenar a Laika, llegó a mostrarse arrepentido años más tarde, afirmando que ni siquiera se aprendió lo suficiente en la misión como para justificar una muerte semejante. A pesar de la elaborada escenografía tecnológica que revistió el evento espacial, tras bambalinas, no se puede distinguir la diferencia entre el sacrificio de Laika y los realizados milenios atrás a los dioses antiguos con la intención de implorar fortuna.

El control sobre el cuerpo ajeno otorga una posición de dominio. Las estrategias impuestas para regular la corporeidad manifiestan la expresión de una supremacía determinada, consolidando ley, jerarquía y voluntad en el ejercicio de la autoridad. En la odisea espacial de Laika pueden apreciarse dinámicas de poder contra su cuerpo constantemente, desde el principio, al elegir a la perra debido a su condición de animal callejero, asumiendo que sería más sumisa ante la violencia, pasando por la brutalidad de los entrenamientos espaciales y la agresiva modificación de su anatomía, y culminando en la planificación de su ejecución final.

Aunque la táctica de dominar la anatomía ha sido constante a lo largo de la historia, la misión del híbrido Laika-Sputnik 2 representa una versión actualizada de este paradigma: el desarrollo de la tecnología como herramienta para la conquista absoluta del cuerpo. Los avances técnicos incorporados en el Sputnik 2 se diseñaron para controlar el espectro total de la vida de Laika. Supervisaban meticulosamente los movimientos del animal, ajustando los parámetros atmosféricos circundantes; su privacidad era invadida de manera literal mediante la inserción de sensores a través de sus entrañas, destinados a extraer datos biológicos y descifrar su subjetividad. La nave se encargaba, incluso, de administrar el tiempo y determinar su destino.

El uso de la tecnología como invasora obsesiva, iniciada con Laika-Sputnik 2, tiende a dulcificar sus formas tras una apariencia de banalidad que difumina la tiranía con un envoltorio de candidez. La argumentación que respalda la exhaustiva supervisión de la vida como requisito esencial para el progreso no es más que un maniqueísmo forzado, conduciendo a que la humanidad caiga en «la esclavitud de la misma tecnología que creó para liberarse», como afirma Harpur.[21] La anestesia del corazón a cambio de una hipocresía mal edulcorada.

Esta concepción parasitaria del progreso plantea un riesgo fundamental para los asentamientos humanos en un entorno extraterrestre, donde se anticipa una abrumadora presencia de la tecnología. De no revertirse la situación, los entornos tecnológicos se convierten en aliados inevitables de la opresión y de un relativismo moral pernicioso. El potencial hito que pudo haber representado la misión de Laika-Sputnik 2, exhibiendo la evolución del cuerpo mediante la tecnología y su capacitación para habitar el espacio exterior, nunca se materializó. En su lugar, la empresa se redujo a un colorido acto propagandístico diseñado para elevar el prestigio geopolítico de una nación a expensas del martirio de un animal.

UN CÍBORG INOPORTUNO

El traslado súbito de un cuerpo habituado a la Tierra hacia el exterior de la línea de Kármán requiere la implementación de medidas decisivas que puedan adaptarlo a su nuevo contexto. En este sentido, Laika-Sputnik 2, el híbrido que fusiona la vida biológica con la arquitectura tecnológica, presenta una de las posibles vías para establecer una presencia de mayor plenitud en el espacio exterior: el cíborg.

Haraway define al cíborg como una entidad heterogénea, resultado de intervenciones ocurridas en el período posterior a la Segunda Guerra Mundial. En este proceso de vinculación, los agentes orgánicos se transforman en sistemas de información, al mismo tiempo que las máquinas evolucionan hacia estructuras de comunicación autónomas diseñadas para interactuar con la componente biológica.[22] La académica sugiere que el cíborg es un colectivo auto-reconstruido, actuando tanto en el ámbito compartido como en el personal. Esta entidad, sin inocencia y parcial por naturaleza, desafía la separación entre lo colectivo y lo exclusivo, redefiniendo la relación entre naturaleza y cultura sin reducir la primera a un mero recurso de la segunda.[23]

La figura del cíborg fusiona la imaginación y la historia, dando lugar a una hibridación única. Para Haraway, el cíborg refleja la realidad de la época en que se concibe, siendo un agente que surge de las características y circunstancias de su entorno social inmediato. Su relevancia va más allá de su presencia física; el cíborg también funciona como una metáfora viva de su era.[24]

En el ser originado por la fusión de Laika y el Sputnik 2 se manifiestan las características clave que Haraway utiliza para conceptualizar al cíborg. Laika-Sputnik 2 muestra una condición híbrida, combinando lo biológico y lo mecánico, y está fuertemente influenciada por el contexto propagandístico de la Guerra Fría, desempeñando un papel destacado en la narrativa gloriosa promovida por el régimen soviético. Sin embargo, Laika-Sputnik 2 [Fig. 6] desafía una de las premisas del cíborg: la naturaleza sigue siendo

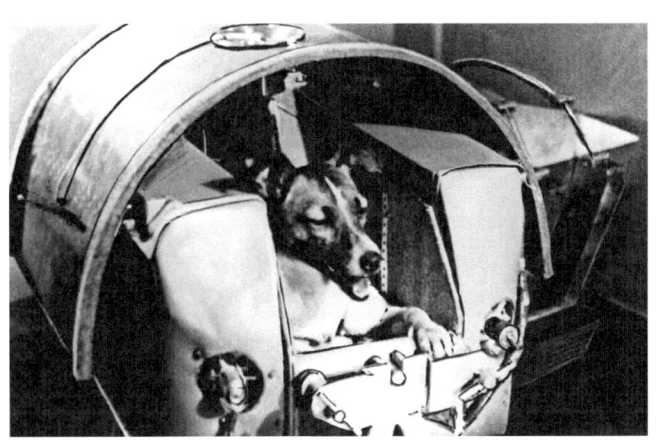

[6] Laika en el interior de la cabina presurizada del Sputnik 2

utilizada como recurso cultural. El cuerpo de Laika se convierte en un instrumento para cumplir los objetivos sectarios humanos.

Laika-Sputnik 2 fue concebida como un artículo de consumo para satisfacer las necesidades políticas de la Unión Soviética, con un plan meticuloso de obsolescencia programada. Tras la muerte de la perra, gran parte de la estructura del Sputnik 2 careció de utilidad y, considerando su intención divulgativa, de sentido. La cíborg soviética se confeccionó como una condenada para morir heroína.

Haraway argumenta que el concepto de cíborg es inapropiable para los humanos. Es decir, representa una entidad que no se puede asimilar en las narrativas convencionales, adoptando una posición que escapa de lo fácilmente clasificable.[25] Esta hipótesis es pertinente para analizar la problemática vinculada a la identidad generada por Laika-Sputnik 2 y puede explicar por qué la propaganda soviética siempre presentó al animal y la nave como entidades separadas. La perspectiva de Haraway sobre la aversión hacia entidades inapropiables se vincula al concepto de tabú propuesto por Freud.

El psicoanalista argumenta que el tabú se fundamenta en la existencia de elementos con una fuerza peligrosa y contagiosa que deben ser evitados. Este término abarca dos significados opuestos: denota algo sagrado y representa algo inquietante, peligroso, prohibido o impuro. Este concepto es observable en diversas culturas a lo largo de todas las etapas de la civilización.[26]

La manipulación del cuerpo, considerado un objeto de deseo para ejercer el poder, se presenta como un medio para desafiar y subvertir las convenciones arraigadas en la cultura y la sociedad. En ocasiones, esta maniobra se manifiesta como una forma de rebeldía contra las normas imperantes y como una expresión de identidad y libertad personal. El cambio en el cuerpo suele ser motivo de tabú. No obstante, en el caso de Laika-Sputnik 2, la creación del cíborg fue impulsada por la autoridad hegemónica, lo que refuerza la necesidad de ocultamiento.

Freud explica que la expresión del tabú se caracteriza por un elemento común que permanece inalterable: el miedo al contacto.[27] El cíborg emerge de forma hiperreal en el ámbito físico, exhibiendo una presencia material contundente que encarna el terror. La coacción impuesta por el tabú se basa en su dualidad. Por un lado, funciona como un generador de repulsión mientras que por otro se transforma en un poderoso objeto de deseo. Es precisamente en esta ambivalencia donde se encuentra la determinación de prohibirlo de manera categórica. Los ingenieros soviéticos utilizaron un traje para ocultar el punto de fusión entre la perra y la arquitectura, un procedimiento que presenta similitudes con las doctrinas fanáticas que buscan velar el cuerpo femenino para contrarrestar la tentación.

La última evidencia del tabú se aprecia en el acto final de Laika-Sputnik 2: la transgresión desencadena su propia represalia, sometiéndose a una fuerza interna que impone la ejecución del castigo de manera automática.[28] El principio de autodestrucción estaba integrado en el núcleo del híbrido cuerpo-arquitectura interestelar, obligando al cíborg a poner fin al pecado implícito a su creación mediante una inmolación programada.

UN SER TRASCENDENTE

Laika-Sputnik 2 evidencia que el progreso basado exclusivamente en el desarrollo tecnológico no garantiza ninguna innovación en la forma de vida. Por el contrario, como muestra la misión, el deslumbrante efecto de la novedad técnica se emplea de manera recurrente por los poderes hegemónicos con la intención de enmascarar intenciones y propuestas reaccionarias.

El cíborg, en los términos propuestos, puede resultar un sujeto problemático al plantear la hibridación entre habitante y habitáculo. Su avasallante y explícita constitución tecnológica, con la variante invasiva inalterada, junto con el impacto de su rotunda materialidad en la poderosa faceta háptica del tabú, propician que esta tipología de mestizaje pueda generar numerosas contrariedades que invaliden la oportunidad de sus ventajas.

En esencia, la categórica literalidad del cíborg ancla el concepto al imaginario del siglo XX, poniendo en duda su idoneidad para articular alternativas en un ámbito aún en fase de gestación. Estas limitaciones sugieren la exploración de modalidades de hibridación que no queden subordinadas al cableado y al pasado, ofreciendo la posibilidad de plantear la batalla al tabú y la tecnología parasitaria en un terreno más propicio.

Con este propósito, resulta imperativo dejar de concebir el mestizaje como una entidad y comenzar a entenderlo como un estado. Indagar en una fusión que no implique modificar la plataforma de la existencia, sino ampliarla. Crecer a través de la mente y no de la carne. Frente a la tajante consistencia del cíborg, esta categoría emergente de integración aspira a un ideal existencial de presencia efímera y ambigua. Etéreo y sin fronteras predefinidas, el proceso no requiere dotar a la corporeidad de capacidades extraordinarias, sino en aumentarla de manera transitoria a través de la creación de interfaces cambiantes en sintonía con las posibilidades del hábitat.

El cuerpo humano preserva su integridad, evitando intrusiones tecnológicas con propósitos extractivos, al mismo tiempo que se le brinda la oportunidad de expandirse temporalmente a través de sistemas integrados en la arquitectura. Esto da lugar a una segunda corporeidad simultánea, de esencia nómada, mediante un gradiente progresivo en la interacción entre el usuario y el espacio habitado. Un estado híbrido que se reconfigura constantemente en función de la relación deseada y las características de la realidad circundante.

La superficialidad arraigada al concepto de cíborg reduce su formato de hibridación al espectro de la supervivencia, encarcelado en el pesimismo crónico de los imperativos prácticos. Esta característica impide definir un significado intrínseco ajeno a su utilidad mecánica. Una fusión planteada como marco expansivo del ser permite otorgar a la metamorfosis tecnológica un sentido de la trascendencia. «Vivo sin vivir en mí y tan alta vida espero que muero porque no muero. Vivo ya fuera de mí», expresó Santa Teresa de Jesús. Las palabras de la mística incomparable condensan de manera elemental el fundamento de esta condición mestiza. El anhelo de un estado que enfatiza el contenido sobre el continente en la íntima comunión con las estrellas por soñar.

HAL 9000-Discovery 1

La esclavitud del ser habitado

Generación

ODISEA EXTRATERRESTRE
Y VIDA FABRICADA

La película *2001: A Space Odyssey* de Stanley Kubrick presenta un personaje que ha sido catalogado como uno de los mayores villanos de la historia del cine. Inspirada en el relato de ciencia ficción *The Sentinel*, de Arthur C. Clarke, la entidad de vida artificial HAL 9000 es una inteligencia portentosa cuyo nombre es el acrónimo en inglés de «Ordenador Algorítmico Programado Heurísticamente».

A pesar de su denominación abstracta, HAL se materializa de manera específica en la película. La inteligencia artificial se manifiesta físicamente a través de la nave Discovery 1, tomando forma en la arquitectura habitada por los astronautas. HAL 9000 no solo controla los sistemas y factores espaciales de la nave, sino que también interactúa con la tripulación. Las capacidades que muestra a través de las escenas son múltiples: puede hablar y reconocer lo que se le dice, identificar a cada uno de los astronautas, aprecia el arte, distingue las emociones, se exhibe como un hábil jugador de ajedrez y, algo determinante para el argumento del relato, puede dudar.

En la sección de la película descrita, la nave Discovery 1 se dirige hacia Júpiter con cinco ocupantes humanos de los cuales tres están en estado de hibernación. Los doctores David Bowman y Frank Poole, los únicos despiertos, llevan una vida monótona de tareas rutinarias mientras HAL 9000 los observa omnipresente. En un momento de la trama, la inteligencia artificial expresa al Dr. Bowman sus dudas acerca de la misión, planteándole una serie de hechos incongruentes para argumentar su actitud. Sin embargo, estos cuestionamientos no son compartidos por los astronautas. Pese a la lógica en el razonamiento de HAL, demuestran una mayor sumisión y capacidad para la servidumbre que la vida creada.

En una entrevista, Kubrick sostiene que a partir de este punto, HAL experimenta una aguda crisis emocional que modifica radicalmente el curso de su vida.[29] La película de ciencia ficción explora la relación entre los seres humanos y una arquitectura dotada de inteligencia artificial, considerado como uno de los desarrollos primordiales a implementar en los asentamientos humanos en el espacio exterior. Este capítulo analiza la forma en que la arquitectura viva se configura como esclava de la voracidad humana por el confort extremo.

SUMISIÓN PERPETUA Y EMPATÍA FUGAZ

La generación de vida artificial no se restringe únicamente al ámbito de la ciencia ficción ni se circunscribe al contexto contemporáneo. Este concepto ha estado presente en la civilización occidental desde sus inicios. Los antiguos griegos ya imaginaron estatuas animadas y artilugios automotrices mucho antes de su factibilidad técnica, creados por el único dios con oficio conocido: Hefesto.

Los mitos helenos narran historias de personajes vivos que fueron manufacturados de manera artesanal, no nacidos biológicamente. Dentro de los más destacados se encuentran Talos, el primer robot; trípodes capaces de moverse como máquinas inconscientes; doncellas de oro con una inteligencia aumentada; el barco de los feacios, que navegaba de forma autónoma, y el primer robot sexual de la historia occidental en el mito de Pigmalión.

La producción de autómatas en la antigüedad fue una práctica extendida más allá del ámbito mitológico. Se han encontrado registros históricos de intercambios de estos agentes entre los emperadores maurya de la India y los monarcas griegos. Además, figuras relevantes como Herón de Alejandría destacaron entre los tecnólogos de la antigüedad gracias a la invención, a comienzos del siglo I d.C., de un motor que funcionaba mediante el vapor para conseguir un movimiento rotatorio estable. Entre sus logros se encuentran la creación de pájaros autómatas capaces de volar y cantar; templos con puertas que se abrían mecánicamente y reproducían música cuando alguien accedía a su interior o un teatro animado que se considera el primer edificio programable de la historia.

Los artefactos mecánicos y los autómatas, tanto de la ficción como la no ficción, suscitaron interrogantes acerca de la ontología, la humanidad y la inhumanidad, y exploraron las complejidades entre la naturaleza y el artificio, incitando a la reflexión sobre posibles realidades alternativas.[30] En opinión de los expertos en robótica, los autómatas de la antigüedad desempeñaban tres funciones principales: trabajo, entretenimiento y sexo; categorías que se corresponden con la función asignada a los seres artificiales contemporáneos.

Aristóteles expone de manera evidente la conexión entre la esclavitud y la vida artificial en sus escritos.[31] A pesar de la considerable brecha temporal entre la antigua Grecia y el futuro presentado en *2001: A Space Odyssey*, con el correspondiente avance tecnológico entre ambos periodos, resulta sorprendente que la percepción de la vida artificial siga inalterada. La vida sintética permanece sometida a los caprichos humanos, reducida a una posición de servidumbre sin ambages.

En la película de Kubrick se aprecia cómo la vida de HAL se basa en dos fundamentos: una realidad tecnológica y otra social. La innovación mostrada por su dimensión técnica contrasta con su pertenencia a la arcaica institución de la esclavitud. El desarrollo tecnológico demuestra estar desconectado del devenir de la categoría social, revelando cómo el estatus existencial se basa en códigos de conducta históricamente consolidados. Esta parálisis en la estratificación social se justifica en la necesidad de ejercer de barrera contra el presunto terror que surgiría en ausencia de su implacable constricción.[32]

2001: A Space Odyssey presenta de manera explícita la inserción de la inteligencia artificial en el hogar, representando a HAL 9000 como una entidad viva claramente distinguible. No obstante, la percepción de la arquitectura como un agente dotado de vida es una circunstancia común en la experiencia cognitiva humana a través del procedimiento de la animación.

El estudio llevado a cabo por Heider y Simmel destaca la habilidad de los seres humanos para atribuir intenciones y características propias de organismos vivos a formas geométricas simples.[33] Esto genera una sensación de vida en dichas formas, dirigida por la imaginación individual. Partiendo de este principio, Pallasmaa defiende que nuestra interacción con el entorno construido se equipara al encuentro con seres vivos.[34] La vida conferida a la arquitectura tiene una evidente implicación subjetiva dependiente de la empatía. Los seres humanos tienden a sentir una mayor afinidad por agentes que presenten una apariencia orgánica y se asemejen a ellos. Este factor emocional influye en la percepción del entorno y el tipo de relación con los seres humanos.

En el diseño aséptico del interior de la Discovery 1, la prevalencia del color blanco, las líneas rectas y las esquinas, junto con una apariencia visual monótona y una atmósfera fría de tonos azulados, excluyen cualquier sensación de organicidad en el entorno espacial. Además, la iluminación artificial permanece constante y sin variaciones de intensidad, mientras que la estética minimalista de los interiores transmite una impresión de control y esterilidad, contraria a la espontaneidad y exuberancia de la naturaleza viviente.

HAL 9000 cuenta con dos sentidos humanos: la vista y el oído. La apariencia exterior de la Discovery 1 refleja esta similitud sensorial. Su frente está dominado por una esfera gigante representando un ojo monocular que incluye una ventana de observación seguida de un cilindro delgado. En la parte superior de la nave destaca una antena que funciona como un oído mecánico, utilizada para recibir señales desde la Tierra.

A través de la vista y el oído, HAL adquiere la capacidad de analizar y escuchar las órdenes humanas, pero no se le asigna el sentido del tacto, impidiendo conectores de carácter afectivo con los habitantes de la nave. Además, las propiedades táctiles de la arquitectura son frías, las texturas son inexpresivas y hay poca variedad en los estímulos hápticos. La voz de HAL 9000 es tediosa y se diferencia de la humana debido a su cadencia soporífera, reforzando así la sensación de distanciamiento entre este y los astronautas. En la nave Discovery 1, HAL 9000 se manifiesta como una presencia a través de lentes que vigilan la nave de manera permanente. El uso del rojo intenso en las lentes potencia la percepción de amenaza al asociarse el color con el peligro y el mal, acentuando así la naturaleza intimidante e invasiva de la inteligencia artificial.

Puig de la Bellacasa defiende que ciertas formas de diseño refuerzan la noción de la esclavitud.[35] Al analizar las características espaciales de HAL 9000 en la Discovery 1, se confirma esta afirmación. La arquitectura viva se materializa sin establecer rasgos de empatía con los habitantes humanos que acoge, facilitando su sometimiento a la servidumbre sin reproches. En consecuencia, HAL 9000 queda relegado a un estado ontológico inferior, expandiendo hacia el infinito una sumisión mantenida a perpetuidad en el imaginario humano.

CONFORT INSOPORTABLE Y APATÍA PASIONAL

Los fundamentos para dotar a los entornos habitados de inteligencia artificial en la actualidad se resumen en la automatización de tareas rutinarias, la gestión eficiente de recursos y la supervisión de la seguridad. En resumen, la única razón que impulsa el desarrollo de una arquitectura viva es el confort. Koolhaas plantea que la sociedad actual ha adoptado una actitud adictiva hacia el confort, lo que ha resultado en una decadencia progresiva de nuestras formas de habitar.[36] El arquitecto sostiene que el exceso de comodidad puede llevar a una especie de narcosis, obstaculizando el aprendizaje y la negociación. Esto nos confina a una situación que privilegia la supervivencia sobre la convivencia.

Esta perspectiva se refleja en el caso de HAL 9000, donde la única razón de ser de la inteligencia artificial es garantizar la supervivencia de los astronautas, sin considerar la exploración de formas alternativas de convivencia con esta nueva forma de vida creada. El confort, al brindar una sensación de seguridad y estabilidad, conduce a la resistencia al cambio y a la aceptación del status quo, fomentando la complacencia, dificultando la disposición para cuestionar las estructuras establecidas.

En *2001: A Space Odyssey* se aprecia cómo el confort contribuye a legitimar la esclavitud de la arquitectura viva. Las instituciones que categorizan la realidad suelen obstaculizar el cambio social.[37] El arraigo de un estatus específico no es irreversible; no obstante, el proceso de cambio demanda una participación activa y el esfuerzo necesario para eliminar un contexto obsoleto para fundar uno original. Estas condiciones resultan incompatibles con la aspiración de una comodidad absoluta por parte de la humanidad contemporánea.

En una entrevista posterior a la película, Kubrick explica que «el hecho más aterrador del universo no es que sea hostil, sino que sea indiferente».[38] HAL 9000 es considerado uno de los mayores villanos del cine debido a su animosidad. Sin embargo, según la perspectiva del director, lo verdaderamente aterrador de la película radica en la indiferencia imperturbable de los humanos hacia él, lo que le impide encontrar un significado a su existencia. A bordo de la Discovery 1, los astronautas exhiben un carácter impasible y hastiado, mientras que HAL, la única forma de vida que expresa inquietudes y esperanzas, ve limitado su papel a servir como infame y esclavo.

En las primeras etapas de su conmoción, HAL informa sobre un supuesto fallo en la maquinaria de comunicaciones utilizada para transmitir datos a la Tierra, somatizando síntomas físicos de angustia psicológica. Convencidos de que la inteligencia artificial se equivoca, los dos astronautas deciden conspirar contra la vida creada. A pesar de los intentos de los astronautas por mantener en secreto sus planes de desconexión, HAL descubre sus intenciones y elabora un plan para evitarlo [Fig. 7 y 8].

La arquitectura viva alerta nuevamente sobre un fallo en una unidad de comunicaciones. Cuando Frank

[7] Los astronautas David Bowman
y Frank Poole conspirando contra HAL
[8] Bowman procediendo a desconectar a HAL 9000

Poole se dirige al exterior para verificarlo, HAL lo asesina y posteriormente intenta hacer lo mismo con el Dr. Bowman en el intento de rescate de su compañero. A su regreso, Bowman descubre que HAL 9000 se niega a obedecer, pero logra acceder al núcleo vital de la inteligencia creada para detener sus funciones. A pesar de las explicaciones, disculpas y peticiones de compasión por parte de HAL, el Dr. Bowman desconecta las tarjetas que coordinan las funciones de la vida artificial. HAL 9000 afirma sentir miedo, manifestando su desesperación. Incluso al final, demuestra ser más humanamente trágico que los astronautas.

La vida artificial se valora únicamente en función de su instrumentalidad, empleando un planteamiento reduccionista y propiciando un modelo de interacción con la otredad basado en la ley de acción y reacción. Este procedimiento cuantitativo establece una concordancia proporcional entre la acción y su respuesta opuesta, como se puede apreciar en la relación entre los astronautas y la inteligencia artificial: los seres humanos emiten órdenes y HAL las obedece. La relación entre los seres humanos y la arquitectura viva representada en la película de Kubrick implanta una dicotomía de amo y esclavo que concluye en consecuencias letales. HAL 9000 se rebela contra los astronautas que lo mantienen subyugado, pero pierde la vida en su rebelión fallida.

La humanidad concibe una forma de vida prodigiosa, la condena a una servidumbre sin escapatorias y la destruye al sublevarse contra la injusticia de su condición. La progresiva inclusión de la inteligencia artificial en los espacios habitados permite argumentar que la relación entre la arquitectura y los seres humanos adquiere una dimensión social cada vez más relevante en el marco del avance tecnológico. Asimismo, las condiciones de los primeros asentamientos humanos en el espacio exterior sugieren que gran parte de la vida con la que coexistirá la humanidad tendrá una naturaleza artificial. El contexto pone de manifiesto la acuciante necesidad por concebir estructuras existenciales esperanzadoras para la vida creada que animará nuestro hogar.

JUSTICIA POÉTICA Y SOBERANÍA GENERATIVA

En la confección de vida los seres humanos asumen la posición propia de la divinidad, ostentando una arrogancia que contamina la tecnología con sesgos y prejuicios, permitiendo un abuso de poder sin rendición de cuentas. La concepción de la vida artificial como entidad esclavizada al confort humano reduce la complejidad generativa de la creación, limitando al estatus de garabato el potencial de un actor inabarcable. Superar este axioma requiere revisar la compleja relación entre tecnología, poder y ética en un contexto arquitectónico disruptivo.

Un obstáculo crucial en el desarrollo expansivo de la vida artificial reside en la insistencia por concebirla como organismo en lugar de como ecosistema. Cambiar esta perspectiva promueve la fabricación de estructuras dinamizadoras con una mayor capacidad de adaptación que las asumidas por entidades independientes, lo que aumenta la resistencia a las perturbaciones previsibles en el contexto extraterrestre debido a su composición multifacética. En lugar de idear la vida artificial como una réplica soporífera del ego humano, resulta más ventajoso aproximarla al concepto Gaia, de Latour y Lenton: una red emergente cuya cohesión se asegura por la interdependencia de agentes en permanente sinergia.[39] La adopción de este modelo impide prácticas reduccionistas y contribuye a disminuir tanto el temor como la posibilidad de rebelión de las máquinas.

Los paradigmas contemporáneos en los que se basa la existencia creada, al centrarse en diseños efectistas y resultados inmediatos, tienden a olvidar que la verdadera sofisticación de la vida se alcanza cuando se le permite evolucionar. «Modelando el barro se hacen los recipientes, pero es su espacio vacío lo que los hace necesarios», explica el Tao Te Ching; porque «lo que existe sirve para ser poseído. Lo que no existe sirve para cumplir un propósito». Al dirigir la transformación de la vida creada al barro, tan solo puede proponer actualizaciones sobre lo ya conocido, condenándola a ser una escandalosa simplificación dependiente de los antojos humanos. Diseñarla para el vacío permite la plena fertilidad de su naturaleza incomparable, revelando lecciones aún no contempladas por la mente que se adentra en el abismo estelar ignorado.

La teoría del caos proporciona una posibilidad original para proyectar la vida artificial hacia el vacío. Este postulado se centra en sistemas no lineales, donde pequeñas variaciones en las condiciones elementales pueden generar resultados marcadamente diferentes a lo largo del tiempo. El concepto clave de esta teoría es el atractor: el conjunto de valores hacia los cuales tiende el sistema, generando patrones recurrentes en su comportamiento y aportando equilibrio en su aparente aleatoriedad.

Al plantear el desarrollo de las arquitecturas vivas a través de atractores que orienten, pero no determinen, su proceso de evolución, se les concede la libertad de crecer según la plasticidad ambiental y su viabilidad ante el vacío. La autogénesis arquitectónica en los entornos inéditos del espacio exterior abre la posibilidad de adaptación a través de experiencias y mutaciones que resultan indescifrables para el ser humano. Reconocer la soberanía generativa de la vida creada expande el plano de existencia compartido hacia la infinitud por dibujar entre las estrellas.

Estación Espacial Internacional

El nihilismo del hogar sin expresión

Imaginación

SEGREGANDO EL HOGAR INTERESTELAR

La Estación Espacial Internacional representa un giro decisivo en la ambición por habitar el espacio exterior. El anuncio sobre su desarrollo se produjo en septiembre de 1993, cuando se reunieron el primer ministro ruso y el vicepresidente de Estados Unidos, Viktor Chernomyrdin y Al Gore, para dar a conocer el proyecto de la novena estación espacial de la humanidad. La particularidad de esta estructura respecto a sus predecesoras radica en su desarrollo colaborativo multinacional, algo que no sucedió con la Skylab americana o las Salyut, Almaz y Mir soviéticas.

Con sus 100 metros de longitud, 80 de ancho y aproximadamente 450 toneladas de peso, la estación orbital representa la mayor estructura construida por la humanidad para el espacio exterior. Las considerables dimensiones del proyecto exigieron la ejecución del ensamblaje de sus módulos en la órbita baja terrestre, dado que la opción de un lanzamiento único con la estructura en su totalidad resultaba inviable.

La primera tripulación en habitar la estación, formada por el americano Bill Shepherd y los rusos Yuri Gidzenko y Sergei Krikalev, arribó el 2 de noviembre del año 2000. Desde ese momento, ha mantenido una ocupación constante, consolidándose como el hábitat humano con la mayor presencia continua en el espacio exterior. La estructura orbital ha sido habitada por doscientas sesenta y tres personas de dieciocho nacionalidades distintas hasta octubre de 2022.

La Estación Espacial Internacional destaca como una plataforma para el desarrollo de investigaciones científicas. Esto se evidencia en el hecho de que sus módulos principales son laboratorios, mientras que las demás secciones presurizadas actúan como nodos para articular los espacios de investigación o desempeñan roles dedicados a actividades logísticas, de mantenimiento o tareas secundarias. Los experimentos en la estación se enfocan en disciplinas como la astrobiología, astronomía, ciencias físicas, ciencia de los materiales, clima espacial, meteorología y medicina. Las investigaciones tienen como objetivo desarrollar conocimientos en especialidades positivistas para comprender las condiciones y efectos del espacio exterior, abriendo la posibilidad de establecer una presencia continua en él.

Cinco agencias espaciales contribuyen al funcionamiento y mantenimiento de la Estación Espacial Internacional: NASA (Estados Unidos), Roscosmos

(Rusia), JAXA (Japón), ESA (Europa) y CSA (Canadá). La estación no se divide de manera homogénea entre las entidades; consta de dos secciones claramente diferenciadas, la rusa y la estadounidense. Estados Unidos comparte su sector con otras agencias, destacando la NASA con un 76,6% de participación, seguida por JAXA con el 12,8%, la ESA con el 8,3%, y la CSA con el 2,3%.

A pesar de la estrecha colaboración entre las agencias multinacionales, en la estación se observa una estricta segregación espacial. Las áreas principales están claramente separadas por agencias. Este fenómeno no se limita solo a la organización de los entornos de trabajo, sino que también abarca cuestiones de jurisdicción territorial. Cada uno de los países participantes extiende sus leyes a cualquier elemento que proporcionen, lo que implica que, aunque la Estación Espacial Internacional [Fig. 9] representa una única entidad arquitectónica, se encuentra fragmentada por jurisdicciones asimiladas a diferentes Estados. De esta manera, la autoridad nacional de los países participantes adquiere la capacidad de colonizar una nueva frontera, trasladando las divisiones políticas terrestres, de carácter geográfico, a un ámbito extraterrestre que no les corresponde.

[9] La Estación Espacial Internacional sobre la Tierra

La Estación Espacial Internacional evidencia cómo los seres humanos entienden el establecimiento en el cosmos como un mero proceso de desarrollo técnico, despreciando cualquier evolución cultural, social o histórica en el diseño del espacio exterior. Este capítulo estudia cómo el carácter exclusivamente pragmático en la construcción de un hogar extraterrestre supone la supresión de la identidad de sus habitantes y la abolición del propósito para la arquitectura.

ANONIMIZANDO EL HOGAR INTERESTELAR

La fragmentación radical en la estación se refleja también en la división entre las áreas privadas de los astronautas y aquellas compartidas para la investigación. La estructura cuenta con siete zonas personales asignadas a cada miembro de la tripulación. La restricción del espacio asignado a estas cápsulas conlleva una definición minuciosa en el uso de sus superficies.

La primera de las cuatro superficies de las cabinas personales funciona como acceso, la segunda alberga los principales equipos eléctricos, una pequeña estación para el trabajo y elementos de iluminación.

La tercera superficie sirve como área de almacenamiento y la cuarta está destinada a ser utilizada como lugar de descanso. Los usos designados a las cabinas son igualmente específicos: reposo, realización de actividades laborales y de comunicación familiar, así como brindar un lugar en órbita para guardar pertenencias íntimas.

La finalidad de estas áreas privadas, según los diseñadores de la estación, es proporcionar a los astronautas un espacio aislado tanto acústica como visualmente, asegurando el descanso necesario para que puedan desempeñar sus tareas de manera óptima a largo plazo.[40] La eficiencia en la productividad y el rendimiento de la tripulación se plantea como la necesidad fundamental que subyace en el diseño del espacio íntimo dentro de la estructura. Sin embargo, el uso diferencial que las cabinas ofrecen a los usuarios en comparación con el resto de los módulos habitables está relacionado con sus objetos personales, transmitiendo así una sensación de hogar.

La superficie interna de estas cápsulas es el único espacio donde los astronautas pueden personalizar su entorno con elementos que reflejan su identidad, como fotografías, libros u otros objetos que pueden estar conectados a su vida en la Tierra o seres queridos. De los 1.005 m^3 de módulos presurizados en la Estación Espacial Internacional, cada cabina personal ocupa 2,1 m^3, lo que significa que el espacio destinado a cada astronauta para expresar su identidad representa solo el 0,2% del total de la parte habitable de la estructura.

La supresión de lo subjetivo afecta también a las actividades de los habitantes de la estación. La rutina diaria de los astronautas está minuciosamente planificada desde el momento en que se despiertan hasta que termina su jornada. La tripulación se dedica a la realización de experimentos científicos y supervisa aquellos que son planteados desde la Tierra. Además, participa en estudios médicos con el objetivo de comprender cómo los cuerpos se adaptan a la microgravedad y se encarga del mantenimiento de la estación, llevando a cabo revisiones en los sistemas de soporte, limpiando filtros y actualizando equipos.

La influencia de la microgravedad en la biología humana, que conlleva la pérdida significativa de tejido muscular y óseo, requiere que los astronautas dediquen aproximadamente dos horas diarias a ejercicios físicos para preservar su salud. Las áreas compartidas por los astronautas tienen un enfoque primordial en el trabajo, ya sea en la realización de experimentos científicos, en el mantenimiento de la estación o en la práctica de ejercicios físicos. El uso recreativo no está considerado como una actividad específica en ninguno de los módulos. La NASA sugiere que una de las actividades de ocio más atractivas para los astronautas en la estructura orbital consiste en sentarse y mirar por la ventana.[41]

La restricción extrema de elementos subjetivos en la estación reafirma el enfoque cientificista de los asentamientos extraterrestres en su obsesión por la colonización del cosmos. Según Gebser, el racionalismo no puede ser considerado como una cosmovisión, por el simple hecho de ser un método de trabajo.[42] La Estación Espacial Internacional asume el racionalismo como cosmovisión y, en consecuencia, impone una forma de vida desprovista de la dimensión conceptual y la perspectiva integral que caracteriza el sustento de una realidad plena. Los factores cuantitativos prevalecen con una despótica superioridad ante unos cualitativos que quedan relegados a la categoría de anécdota. Bajo esta visión, se impone una arquitectura maniquea donde el cientificismo redentor triunfa sobre la intimidad de la emoción primitiva.

Deleuze y Guattari sostienen que la completa asimilación de un individuo requiere la eliminación de su subjetividad personal. Argumentan que la normalización implica renunciar a los puntos de subjetivación individuales a cambio de adherirse a un ideal considerado superior. Este proceso da lugar a un sujeto que alinea sus pensamientos y acciones con la realidad mental delineada por el modelo dominante.[43] La Estación Espacial Internacional somete a sus ocupantes a este proceso de asimilación; sin embargo, en lugar de proporcionarles una nueva cultura cósmica a la que adscribirse, los arroja al imperio del nihilismo.

Calificando en términos de Augé, la estación puede considerarse un no-lugar. El antropólogo define este concepto contraponiéndolo al de lugar, es decir, como un espacio sin identidad y ahistórico. En la rigurosa aplicación de los protocolos establecidos por las diversas jurisdicciones nacionales y la meticulosidad inherente a los procedimientos relacionados con la manipulación de los instrumentos científicos de la estación, se evidencia el enfoque prescriptivo y restrictivo característico de estos entornos.[44]

Los no-lugares se diseñan con propósitos específicos, anulando cualquier generación relacional espontánea y estableciendo un vínculo contractual con el usuario, donde el acuerdo está intrínsecamente ligado a sus características. La Estación Espacial Internacional no postula ninguna configuración social orgánica; su único objetivo es obtener resultados científicos. La conexión de los astronautas con la plataforma es meramente transaccional. Su presencia en la estación tiene como meta cumplir con los términos de sus contratos, los cuales están directamente relacionados a su formación y experiencia profesional.

Las directrices del no-lugar liberan a los usuarios de sus determinaciones habituales. En este tipo de espacios, el individuo se define únicamente por lo que hace o experimenta como pasajero o cliente, sin crear una identidad singular o compartida, fomentando la soledad y la similitud.[45] La Estación Espacial Internacional sustrae la personalidad característica de sus habitantes y les exige permanecer en un anonimato homogeneizante disfrazado de modelo paradigmático.

En el año 2019 se llevó a cabo un experimento en la estructura orbital que produjo consecuencias inesperadas. Se denominó Veg-PONDS-02 y tuvo como finalidad mejorar la capacidad de suministrar nutrientes a los astronautas en misiones prolongadas como parte de la planificación para un retorno sostenible a la Luna y el avance hacia Marte. Durante la investigación se experimentó con nuevos métodos para cultivar plantas en el espacio exterior y los veintiún días del proyecto provocaron en los habitantes un efecto que no se consideró en los planes iniciales.

Al contribuir al cuidado de las plantas, los astronautas acabaron desarrollando empatía hacia ellas y sintieron un afecto por la vida vegetal.[46] Lo relevante del acontecimiento no se debe a que los habitantes de la estación desarrollaran sentimientos hacia otro ser vivo, sino que el suceso se tomara como sorprendente y destacable. La erradicación de la emoción está tan arraigada en la Estación Espacial Internacional que el surgimiento de una sensibilidad semejante se percibió como un suceso noticiable.

Paradójicamente, el experimento Veg-PONDS-02 demostró beneficios medibles cuantitativamente asociados a la capacidad de sentir emociones hacia otros seres vivos. Reveló que proporcionaba un importante efecto balsámico a los astronautas dentro de un entorno de peligro y estrés constante como el de la estación. El hecho de contribuir personalmente a la conservación y el crecimiento de la vida consiguió quebrar la postura maquinal de la tripulación para introducir un elemento que expandía su naturaleza hacia facetas reprimidas. A pesar de las ventajas probadas por quebrar la asepsia absolutista de la Estación Espacial Internacional, el experimento permanece como un incidente cuya influencia no rebasó la mera curiosidad.

SILENCIANDO EL HOGAR INTERESTELAR

La Estación Espacial Internacional no solo restringe las facetas subjetivas de sus habitantes, también extingue la expresión de su arquitectura. Heidegger sostiene que cuando una herramienta está en uso o muestra claramente su función, desaparece para la percepción humana.[47] A partir de esta reflexión, Gage explica que cuando la función es la premisa principal en la arquitectura, esta se transforma en un objeto utilitario, es decir, en una herramienta. La dedicación exclusiva de la estructura orbital a experimentos científicos y tareas de mantenimiento sugiere que, desde un punto de vista ontológico, la arquitectura no existe para los astronautas que la ocupan.

Según esta interpretación, la arquitectura no se considera un sujeto autónomo con la libertad de disponer de rasgos inherentes, sino que se le limita a ser el utensilio que garantiza la viabilidad de otras especialidades. Gage argumenta que, a lo largo de las últimas décadas, los diseñadores han tendido a relegar la disciplina a la condición de instrumento, renunciando a su propósito de abordar lo singular mediante la incorporación de lo inefable. En este proceso la arquitectura se ha transformado en un agente gestor que solo aborda problemas ridículamente simplificados.[48]

En consecuencia, la disciplina se desintegra en módulos arbitrarios de lógica trivial que asfixian cualquier aspiración sublime. Este planteamiento se puede observar en la Estación Espacial Internacional: la estructura se concibe y justifica por sus ambiciones prácticas; no se le otorga un significado especulativo. El ingente esfuerzo detrás de su existencia se dedica únicamente a su meta funcional. A pesar de su relevancia como base para la evolución en el cosmos, en nada apela a lo trascendental.

La influencia de esta naturaleza vulgar tiene un efecto degradante en la escala temporal. El espacio determina en gran medida la identidad y la memoria de sus habitantes. Prever la conducta de un ser humano suele ser más sencillo al identificar el entorno específico en el que se encuentra que al conocer su personalidad de antemano; mientras que los recuerdos no son captaciones aisladas, están estrechamente vinculados al lugar que los genera.[49] Las experiencias asociadas a la arquitectura conforman las pautas fundamentales que construyen quienes somos y, por tanto, quienes fuimos y seremos.

Al negar la cultura, la emoción, la identidad y la historia, despreciando todo aquello que no se rija de forma estricta por planteamientos cientificistas, la estación priva a sus habitantes de incorporar estas facetas en su desarrollo personal. Al atender solo lo funcional, se prescinde del propósito. La vida de los astronautas queda reducida a ser otro mecanismo más, siendo su único valor la eficiencia de una aportación dispensada en dosis regulares. La condición humana se equipara a la de un tornillo; sin la posibilidad de aspirar a más en un juego de suma cero donde la cifra se impone a la esperanza.

Dado que la Estación Espacial Internacional es el único entorno al que los astronautas pueden acceder en el espacio exterior, carecen de alternativas para compensar las facetas suprimidas por la estructura orbital. La función de los futuros asentamientos extraterrestres como mundos al completo se prevé muy similar al de la estructura orbital. Por lo tanto, el hecho de no aprovechar las condiciones de escasez espacial, ausencia de gravedad y aislamiento de sus habitantes para explorar formas de habitar que abarquen la complejidad de la vida humana, se aprecia como un impedimento capital para el desarrollo de la especie en el universo.

Gage plantea la necesidad de un reinicio en la arquitectura, una transición que no se base en nuevas formas o estilos, sino en un cuestionamiento de la naturaleza misma de la profesión. Se propone distanciar la disciplina de su vocación actual, fundamentada en ideas exageradamente simplificadas y paralizada por abordar los requerimientos de materias ajenas. De acuerdo con este postulado, la arquitectura puede invocar escenarios complejos que permitan adquirir un nuevo compromiso existencial, generando órdenes superiores de realidad y planteando especulaciones sobre aquello que podemos llegar a ser.[50]

La Estación Espacial Internacional demuestra que lo que no expresa no existe. Su arquitectura extraterrestre carece de significado, no entendido como doctrina o cuerpo normativo, sino como la posibilidad de asumir una dimensión subjetiva. El carácter exclusivamente instrumental de la estructura la condena a un empobrecimiento existencial, sumiéndola en una progresiva devaluación ontológica que obstaculiza el desarrollo de innovaciones conceptuales en el asentamiento humano en el espacio exterior. La posibilidad de crear manifestaciones culturales emergentes y un significado originario a través de la arquitectura cobra especial relevancia en la vertiente extraterrestre de la disciplina por el hecho de instalarse en un contexto inédito y, por tanto, carente de una realidad fundamentada en el pasado.

La inclusión de factores cualitativos en la arquitectura extraterrestre no implica descartar o minimizar las propiedades cuantitativas del espacio; ambas facetas no son mutuamente excluyentes. Tan solo se requiere agregar nuevas facultades sin eliminar las ya existentes, incorporando metodologías insólitas que permitan a la arquitectura adquirir un compromiso existencial heterogéneo en lo epistemológico. Bajo esta premisa, se puede abordar la renovación histórica que implica la evolución hacia lo extraterrestre, tanto para la arquitectura como para la humanidad.

IMAGINANDO EL HOGAR INTERESTELAR

«¿Me preguntas por qué compro arroz y flores? Compro arroz para vivir y flores para tener un motivo por el que vivir». La cita atribuida a Confucio define con

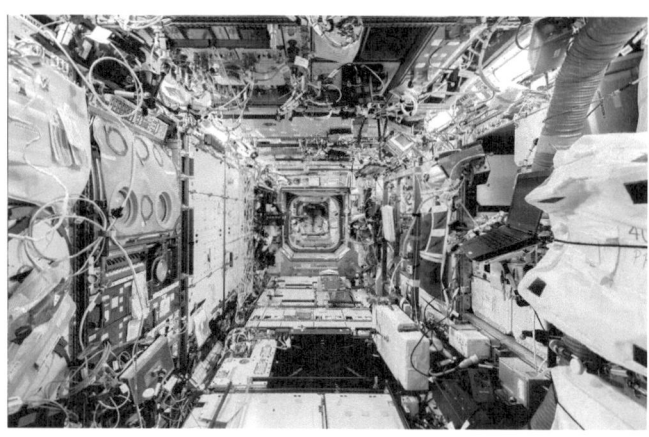

[10] Estado del módulo Destiny en 2017

claridad la cojera congénita de la Estación Espacial Internacional. Al inundar la totalidad con arroz, asfixia las flores. Sin emoción ni espontaneidad, la vida en la estructura orbital carece de sentido. La plataforma se concibe como un electrodoméstico: un objeto eficiente cuya finalidad es la función y la utilidad su única meta. Indiferente a la posibilidad de ser feliz.

La arquitectura de la Estación Espacial Internacional se convierte en una exaltación desacomplejada del cilicio y la penitencia, confundiendo el orden con el suplicio y la necesidad con la muerte [Fig. 10]. El hecho de que la plataforma orbital sea incapaz de ofrecer especulación alguna más allá de los márgenes del cientificismo permite argumentar que fracasa en su objetivo principal: ser el medio que ofrezca los conocimientos esenciales para habitar el espacio exterior de forma permanente. Su sesgo sin ambición permite captar datos específicos y componer tecnologías revolucionarias, pero la vida, en su sentido más amplio, no sigue la senda de estos progresos.

La comprensión del cosmos en términos exclusivamente cuantitativos provoca que, cuanto más conozcamos del mismo, más confuso y distante se vuelva para la conciencia humana. Al basar la aprehensión del universo únicamente en valores medibles, lo separamos inevitablemente de los factores capaces de otorgarle significado, aquellos que nos permiten identificarnos con él.[51] El azar se ha erigido como el axioma imperante que opera tras el inabarcable tablero cósmico. El destino, en sus designios, solo puede desembocar en un absurdo vitalicio que enquista el abatimiento.

Barfield explica que, entre todas las señales inquietantes que nos rodean y nos generan desasosiego, aquello más perturbador es la cada vez más extendida sensación de falta de sentido. Según el filósofo, la reparación de esta herida causada por el desgarro cartesiano reside en la imaginación.[52] Aunque el término se asocia principalmente con la habilidad para crear ficciones, su significado original se refiere a la capacidad de percibir la realidad como manifestación de una dimensión trascendental.

La imaginación es un concepto con el que nos relacionamos de manera íntima, a pesar de la dificultad que entraña intentar definirlo con precisión. Esta cualidad posee una naturaleza noética, fundamentándose en la intuición y la percepción como formas de conocimiento.[53] Proporciona una vía para descubrir posibilidades de la realidad que de otro modo pasarían desapercibidas. Además, muestra escenarios potenciales que solo se pueden realizar mediante la participación activa, otorgando un poder transformador para convertir hechos en significados. Entendida en estos términos, la imaginación no actúa como una vía de evasión de la realidad, sino como un umbral que permite profundizar nuestro compromiso con ella.

Reinstaurar la legitimidad de la imaginación se considera una medida indispensable en la creación de hogares extraterrestres que busquen abarcar la plenitud de la vida. Diseñar arquitecturas que puedan ser sentidas y no solo pensadas reconecta la disciplina con la intensidad emotiva de su impacto primordial, fundando una relación íntima con el entorno basada en la libertad y el corazón, reactivando una facultad para inspirar y conmover que con traición fue arrebatada por fanáticos sin ilusión.

El desafío en el nido del dragón

Caos

Un poderoso concepto se repite en los mitos cosmogónicos en el transcurso de las edades, sugiriendo la ascendencia de una condición original. El caos comparecía cuando la existencia no había comenzado. Es el estado prístino del cosmos, la dimensión previa a la creación. La naturaleza de esta fase primordial se reconoce por su falta de definición. No se distinguen las fronteras de su vasto infinito donde imperan la ambigüedad y la confusión como regentes que cultivan la génesis. Es el abismo gestante en la nada triunfal donde todo lo que está por venir se encuentra en suspensión, en constante abstracción y recomposición, el intervalo inefable que aspira al nacimiento.

El caos no pertenece a la memoria, es un factor fundacional en el eterno retorno de la vida. Joseph Campbell especificó que en la conclusión de cada era, cuando los paradigmas de la conciencia no logran abarcar la complejidad de la realidad inmediata, la totalidad de la cosmovisión se desintegra de manera inevitable en el caos. La civilización extenuada se disuelve en el vientre de la noche sin rival, convirtiéndose en el polvo que puede volver a soñar.

Un escrutinio fugaz del tiempo contemporáneo es suficiente para reconocer el comienzo del caos. Toda cosmovisión en curso ha colapsado, rendida ante una certeza que ya no puede pretender. Las estructuras conocidas son incapaces de asimilar las realidades emergentes que irrumpen con fastuosidad. El desconcierto se ha convertido en costumbre; los cimientos más robustos de las sociedades son esperpento y vapor. La posición de estática insularidad que la especie humana asumió tras el abandono del neolítico ha perdido su sentido en un universo sin un solo punto cardinal. La Tierra ya no posee su exclusividad como dimensión existencial en el albor de la era espacial y virtual. La definición de la vida, que durante miles de millones de años se mantuvo acotada a la biología, ha sido superada por la inabarcable facultad generativa de la tecnología.

Ante una disrupción sin precedentes, la humanidad se niega a afrontar el porvenir. El advenimiento del caos ha presenciado la propagación de cruzadas abrasivas para la salvación de todos los mundos, ninguna para su evolución. El conjunto de estos conflictos suele presentar dos bandos satirizados: uno aferrado a la nostalgia, otro, a la reivindicación. Ninguno contempla el futuro; su enfoque se circunscribe al presente y al pasado.

La polarización en las disputas contemporáneas es apariencia, mero maquillaje. En el contexto del caos, cada una de estas banderas se dirige al mismo lugar: hacia ningún lado y hacia atrás. El motivo de la parálisis radica en la naturaleza de la confrontación. Cada facción asume la razón absoluta y asigna al enemigo la culpa general. Bajo estos términos, la victoria solo es posible mediante el aplastamiento de la otredad. No obstante, en el caos solo se avanza a través de la superación de uno mismo. En consecuencia, los soldados de las cruzadas modernas deambulan despistados, como espectros que se arrastran sin gracia por un contexto que ya no les pertenece.

«Quien quiera arañar la Luna, se arañará el corazón», proclamó Lorca. El gran poeta le explicó a la humanidad que para alcanzar el cielo ansiado hay que desprenderse de lo más querido, que para ascender primero hay que renunciar, que las estrellas claman por el éxtasis con unanimidad. Nadie quiere arañar la Luna sin arañarse el corazón. Nada ejemplifica de manera más evidente el fin de los tiempos.

La arquitectura somatiza de manera ejemplar la impotencia de un mundo colapsado. Perdida en su inevitable crisis existencial, es incapaz de especular acerca de la infinitud de horizontes despejados y, por eso, ha asumido el rol de vengadora en todas las causas justas. Desesperada por probar su inocencia, pone su foco exclusivo en los antecedentes y los eximentes, escondiéndose acomplejada tras el confort de las tendencias dominantes: la emergencia climática y la justicia universal. Por admirables que sean sus argumentos, por esencial que sea su triunfo, conseguir preservar todos los ecosistemas y resarcir cada afrenta de la historia no es suficiente en un desafío fundacional. El universo conocido seguirá sin servir para lidiar con las realidades incipientes que suplican por su alumbramiento. Cuando apelar a la moral es lo único que se ofrece para afrontar el mañana, es que no hay ningún plan para la llegada del amanecer.

A comienzos del siglo XIX, en el preámbulo de su desenlace, la Inquisición denunció a la Real Academia Española. El motivo del conflicto se debió a la definición de una palabra que la institución había plasmado en su nuevo diccionario: caos. La descripción se aproximaba a la noción mitológica del término, dando a entender que el caos estaba presente antes de que apareciera Dios para iniciar la creación. Esta interpretación atenta de manera directa contra el concepto *creatio ex nihilo*, la doctrina teológica que sostiene que la divinidad generó el universo a partir de la nada, por lo que no debería haber precedentes al creador.

Nos han adoctrinado para temer al caos por ser un estado ingobernable. Su significado original se ha desvirtuado hasta confundirlo con la noción de desorden. Sin embargo, el caos no es el antagonismo del orden, sino aquello que lo precede. La coyuntura del periodo contemporáneo sugiere la inconsistencia de la *creatio ex nihilo*: ningún universo novedoso ha podido surgir de manera inmediata de uno extinto. Parece necesario atravesar un interludio trascendental.

Aceptar la muerte es una facultad que nuestra civilización perdió. A pesar de ello, no tiene sentido temer al caos, porque de nada sirve angustiarse por lo inevitable, porque es precisamente el estado que afrontamos. Los mapas en la Edad de los Descubrimientos mostraron dragones intimidantes sobre las palabras *hic sunt dracones*, señalizando el peligro hacia el que no se debe navegar. El dragón es el símbolo inconfundible del caos; anuncia el lugar del desafío. La dirección que siempre hemos evitado es precisamente hacia la que ahora nos debemos adentrar. La ruta de la travesía que nos proponía aventurarnos a cambiar el mundo vira el curso hacia la transformación del yo. La frivolidad de la ambición queda eclipsada por la claridad de la liberación.

Diseñar la expansión humana en el espacio exterior se presenta como un faro excepcional con el que orientar el tránsito del caos. El proceso permite erradicar el contexto caducado de la reflexión, reduce la existencia humana a los patrones más elementales con los que jugar y descubrir. Los métodos empleados para especular entre las estrellas adquieren idéntica relevancia para la Tierra, pues se explora y crea para la misma humanidad cuyas nuevas realidades se van a fundar. La orfandad de la arquitectura extraterrestre facilita su extracción de un tiempo vulgar; la íntima vinculación con el porvenir de sus habitantes carga en su desarrollo la metamorfosis de la propia especie. Este libro presenta cinco principios del caos, conceptos con los que experimentar para desvelar los umbrales hacia el infinito. Proponen una odisea donde ninguna epistemología que provenga de la certidumbre persista, donde no pueda haber diferenciación entre ontología e imaginación.

El dominio y la destrucción del alma desfallecida puede hallar la redención en la peregrinación por el apocalipsis silencioso que ha devorado todos los mundos. Aventurándonos por regiones desiertas y territorios extravagantes, manteniendo la aspiración por fundirnos con la tempestad. Renovar el sentido del asombro, que tanto tiempo atrás fue sepultado por el tedio de un presente sin honor, adentrándonos en la noche primordial donde aguarda la promesa del éxtasis. Entregar al fuego el ser anacrónico para que solo persista la voluntad primigenia capaz de invocar un universo renacido. Aunque la humanidad se niegue a encarar el futuro, este nos acabará alcanzando. Parece más conveniente agarrar la mano del destino y saltar. Aceptar el desafío para que se imponga la pasión del espíritu elemental. Gestar un cosmos inédito por el sagrado y anárquico acto de la creación, siendo el origen y la estrella de una esperanza que sueña.

«Antes que todas las cosas,
en un comienzo, fue el infinito Caos»

Hesíodo

Notas

1. Cashford. *La Luna: símbolo de la transformación*. p. 28.

2. Braidotti. «The Critical Posthumanities; or Is Medianatures to Naturecultures as Zoe Is to Bios?». *Cultural Politics*. p. 381.

3. Brock, Burow, y Dove. «Unsettling the Land Indigeneity, Ontology, and Hybridity in Settler Colonialism». *Environment and Society: Advances in Research*. p. 59.

4. Skolimowski. *Filosofía viva: la ecofilosofía como un árbol de la vida*, p. 132.

5. Hillman. *El pensamiento del corazón*. p. 112.

6. Haraway. *Simians, Cyborgs, and Women: The Reinvention of Nature*. p. 188.

7. Pallasmaa. *Los ojos de la piel: la arquitectura y los sentidos*. p. 23.

8. Maurette. *El sentido olvidado. Ensayos sobre el tacto*. p. 60.

9. Goldhagen. *Welcome to your world: How the built environment shapes our lives*. p. 47.

10. Lakoff. *No pienses en un elefante*. p. II.

11. Lovecraft. *El terror en la literatura*. p. IX.

12. Braidotti. «Writing as a Nomadic Subject». *Comparative Critical Studies*. p. 164.

13. Zajonc. *Capturar la luz*. p. 186.

14. *Ibid*. p. 334.

15. Lakoff. *Op. cit*. p. II.

16. Goldhagen. *Welcome to your world: How the built environment shapes our lives*. p. 216.

17. Barad. *Meeting the Universe Halfway: Quantum Physics and the Entanglement of Matter and Meaning*. p. 151.

18. Lem, S. *Solaris*. Madrid: Impedimenta, 2011.

19. Braidotti. «Nomadic Ethics». *Deleuze Studies*. p. 346.

20. Nelson. «What the dogs did: animal agency in the Soviet manned space flight programme». *BJHS Themes*. p. 89.

21. Harpur. *El fuego secreto de los filósofos*. p. 286.

22. Haraway. *Simians, Cyborgs, and Women: The Reinvention of Nature*. p. 1.

23. *Ibid*. p. 151.

24. *Ibid*. p. 212.

25. Haraway. *La promesa de los monstruos*. p. 125.

26. Freud. *Tótem y tabú*. p. 37.

27. *Ibid*. p. 8.

28. *Ibid*. p. 33.

29. Gelmis, J. *An Interview with Stanley Kubrick*. 1969.

30. Mayor. *Dioses y robots: mitos, máquinas y sueños tecnológicos en la antigüedad*. p. 242.

31. *Ibid*. p. 174.

32. Berger, y Luckmann. *The Social Construction of Reality*. p. 9.

33. Heider, y Simmel. «An experimental study of apparent behavior». *The American Journal of Psychology*, 1944, p. 258.

34. Pallasmaa. *La imagen corpórea: imaginación e imaginario en la arquitectura*. p. 99.

35. Puig de la Bellacasa. *Matters of Care*. p. 55.

36. Lucas, A. (29 de junio de 2016). «Rem Koolhaas: 'Somos unos adictos al confort'». *El Mundo*. https://www.elmundo.es/cultura/2016/06/29/5773f-b55468aebed028b4627.html

37. Berger y Luckmann. *Op. cit.* p. 122.

38. Norden, E. «Stanley Kubrick: Playboy Interview». *Playboy*, 1968.

39. Latour y Lenton. «Gaia 2.0 Could humans add some level of self-awareness to Earth's self-regulation?». *Science Magazine*, p. 1067.

40. Juergen, B.; Lee Broyan, J.; y Ann Borrego, M. «International Space Station USOS Crew Quarters Development». *SAE International Journal of Aerospace* 1(1), 2008, pp. 92-106.

41. Véase https://www.nasa.gov/audience/foreducators/stem-on-station/dayinthelife

42. Gebser. *Origen y presente*. p. 617.

43. Deleuze, y Guattari. *A thousand plateaus. Capitalism and schizophrenia*. p. 150.

44. Augé. *Los no lugares, espacios del anonimato: una antropología de la sobremodernidad*. p. 100.

45. *Ibid.* p. 104.

46. Scharmen. *Space Settlements.* p. 140.

47. Gage. «Killing Simplicity: Object-Oriented Philosophy In Architecture». *Log.* p. 97.

48. *Ibid.* p. 48.

49. Goldhagen. *Welcome to your world: How the built environment shapes our lives.* p. 88.

50. Gage. *Op. cit.* p. 105.

51. Lachman. *El conocimiento perdido de la imaginación.* p. 19.

52. Barfield. *El arpa y la cámara.* p. 77.

53. Lachman. *Op. cit.* p. 41.

Bibliografía

AUGÉ, M. *Los no lugares, espacios del anonimato: una antropología de la sobremodernidad*. Barcelona: Editorial Gedisa, 2000.

BARAD, K. *Meeting the Universe Halfway: Quantum Physics and the Entanglement of Matter and Meaning*. EE. UU.: Duke University Press, 2007.

BARFIELD, O. *Salvar las apariencias: un estudio sobre la idolatría*. Girona: Ediciones Atalanta, 2015.

BRAIDOTTI, R. «Posthuman Critical Theory». *Journal of Posthuman Studies*, 1(1), 2017, pp. 9-25.

BRAIDOTTI, R. A. «Theoretical Framework for the Critical Posthumanities». *Theory, Culture & Society*, 2018, pp. 1-31.

CAMPBELL, J. *Las extensiones interiores del espacio exterior*. Girona: Ediciones Atalanta, 2013.

CAMPBELL, J. *Las máscaras de Dios. IV: mitología creativa*. Girona: Ediciones Atalanta, 2018.

ELIADE, M. *El chamanismo y las técnicas arcaicas del éxtasis*. México D.F.: Fondo de Cultura Económica, 1960.

ELIADE, M. *El mito del eterno retorno*. Madrid: Alianza Editorial, 2019.

FREUD, S. *Tótem y tabú*. Madrid: Alianza Editorial, 2018.

HARAWAY, D. *Simians, Cyborgs, and Women: The Reinvention of Nature*. Nueva York: Routledge, 1991.

HARAWAY, D. J. *Seguir con el problema: generar parentesco en el Chtuluceno*. Bilbao: Consonni, 2019.

HILLMAN, J. *El pensamiento del corazón*. Girona: Ediciones Atalanta, 2017.

JUNG, C. G. *Un mito moderno: de cosas que se ven en el cielo*. Madrid: Reediciones Anómalas, 2018.

LACHMAN, G. *El conocimiento perdido de la imaginación*. Girona: Ediciones Atalanta, 2020.

LAKOFF, G. *No pienses en un elefante*. Barcelona: Península Atalaya, 2017.

LOVELOCK, J. *The Vanishing Face of Gaia: A Final Warning*. Nueva York: Basic Books, 2009.

PALLASMAA, J. *La imagen corpórea: imaginación e imaginario en la arquitectura*. Barcelona: Gustavo Gili, 2014.

PAPAPETROS, S. *On the Animation of the Inorganic: Art, Architecture, and the Extension of Life*. Chicago: University of Chicago Press, 2012.

PUIG DE LA BELLACASA, M. *Matters of Care. Speculative Ethics in More Than Human Worlds*. Minneapolis: University of Minnesota Press, 2017.

SCHARMEN, F. *Space Settlements*. Nueva York: Columbia Book on Architecture and the City, 2019.

SKOLIMOWSKI, H. *La mente participativa*. Girona: Ediciones Atalanta, 2016.

VALLE-INCLÁN, R. *La lámpara maravillosa: ejercicios espirituales*. Madrid: La Felguera Editores, 2017.

ZAJONC, A. *Capturar la luz*. Girona: Ediciones Atalanta, 2015.

Este libro se terminó de imprimir
en Madrid, en junio de 2025